结晶学与矿物学
实验指导书

胡　斌　编著

中南大学出版社
www.csupress.com.cn
·长沙·

图书在版编目（CIP）数据

结晶学与矿物学实验指导书 / 胡斌编著. —长沙：
中南大学出版社，2019.8
ISBN 978 - 7 - 5487 - 3732 - 2

Ⅰ. ①结… Ⅱ. ①胡… Ⅲ. ①晶体学－实验－高等学校
－教学参考资料②矿物学－实验－高等学校－教学参考
资料 Ⅳ. ①O7 -33②P57 -33

中国版本图书馆 CIP 数据核字(2019)第 186466 号

结晶学与矿物学实验指导书

胡 斌 编著

□**责任编辑**	刘颖维	
□**责任印制**	易建国	
□**出版发行**	中南大学出版社	
	社址：长沙市麓山南路	邮编：410083
	发行科电话：0731 - 88876770	传真：0731 - 88710482
□**印　装**	长沙雅鑫印务有限公司	

□**开　本**	787×1092　1/16	□**印张** 6.5　□**字数** 165 千字
□**版　次**	2019 年 8 月第 1 版	□2019 年 8 月第 1 次印刷
□**书　号**	ISBN 978 - 7 - 5487 - 3732 - 2	
□**定　价**	32.00 元	

前言 Preface

　　结晶矿物学是地质科学的基础，也是地质学与现代化学、物理紧密结合的科学。为了提高本科教学质量，强化对学生实践能力的培养，在中南大学地球科学与信息物理学院的大力支持下，结合教师多年的实践教学经验编著了本书。

　　本书是根据大学地学类本科及相关专业开设的"结晶矿物学"课程要求而编写的，可作为指导学生进行结晶学与矿物学实验的教程。

　　全书分为两篇，共计 10 章，每章为一个实验内容，适合 64 学时左右(含实验教学)的教学配套使用。通过本书的学习，主要是使学生熟悉并掌握结晶矿物学中的基本原理、基本知识和矿物肉眼鉴定的基本技能，为提高后续野外地质工作实践能力奠定扎实的专业基础。

　　通过实验重点要求掌握以下内容：

　　(1)能够熟练地运用结晶模型进行晶体对称操作：确定对称型、划分晶族和晶系。

　　(2)能够熟练地确定单形名称，掌握聚形分析的方法。学会晶体定向并确定晶面符号和单形符号。

　　(3)学会全面观察矿物形态(包括理想形态和实际形态)、物理性质及一些简易化学试验操作，掌握矿物的肉眼鉴定方法，以达到对矿物的全面理解。

　　(4)学会运用矿物术语、素描图或示意图来描述矿物。

（5）学习肉眼鉴定 100 种左右常见矿物，其中重点掌握 50 种左右常见矿物的主要肉眼鉴定特征。

由于编者水平有限，内容错误或不当之处在所难免，衷心希望使用本书的老师和同学们提出宝贵的意见，以便修订时改正。

编 者

2019.01.30

目录
Contents

第一篇　结晶学基础

第1章　晶体测量与投影 ……………………………………………………（3）

　　1.1　目的要求 …………………………………………………………（3）

　　1.2　内容与方法 ………………………………………………………（3）

第2章　晶体的对称要素 ……………………………………………………（7）

　　2.1　目的要求 …………………………………………………………（7）

　　2.2　内容与方法 ………………………………………………………（7）

第3章　晶体定向及晶面符号 ………………………………………………（15）

　　3.1　目的要求 …………………………………………………………（15）

　　3.2　内容与方法 ………………………………………………………（15）

第二篇　矿物学

第4章　矿物的形态 …………………………………………………………（27）

　　4.1　要点概况 …………………………………………………………（27）

　　4.2　目的要求 …………………………………………………………（28）

4.3 实验内容 ……………………………………………………………… (28)

第5章 矿物的物理性质 ………………………………………………………… (31)

5.1 要点概况 ……………………………………………………………… (31)

5.2 实验要求 ……………………………………………………………… (32)

5.3 内容与方法 …………………………………………………………… (32)

5.4 观察注意事项 ………………………………………………………… (36)

5.5 矿物的肉眼鉴定方法 ………………………………………………… (37)

第6章 自然元素矿物和硫化物矿物 …………………………………………… (39)

6.1 自然元素矿物大类 …………………………………………………… (39)

6.2 硫化物及其类似化合物矿物大类 …………………………………… (40)

6.3 实验要求 ……………………………………………………………… (41)

6.4 实验内容 ……………………………………………………………… (41)

第7章 氧化物及氢氧化物矿物和卤化物矿物 ………………………………… (46)

7.1 氧化物和氢氧化物矿物大类 ………………………………………… (46)

7.2 卤化物矿物大类 ……………………………………………………… (47)

7.3 实验要求 ……………………………………………………………… (47)

7.4 实验内容 ……………………………………………………………… (47)

第8章 岛状、环状及链状硅酸盐矿物 ………………………………………… (52)

8.1 岛状硅酸盐矿物亚类 ………………………………………………… (53)

8.2 环状硅酸盐矿物亚类 ………………………………………………… (53)

8.3 链状硅酸盐矿物亚类 ………………………………………………… (53)

8.4 实验要求 ……………………………………………………………… (54)

8.5 实验内容 ……………………………………………………………… (54)

第9章 层状、架状硅酸盐矿物 ………………………………………………… (59)

9.1 层状硅酸盐矿物亚类 ………………………………………………… (59)

9.2　架状硅酸盐矿物亚类 ·· (59)

9.3　实验要求 ·· (59)

9.4　实验内容 ·· (60)

第10章　碳酸盐、硫酸盐及其他含氧盐矿物 ············· (64)

10.1　碳酸盐矿物类 ·· (64)

10.2　硫酸盐矿物类 ·· (64)

10.3　实验要求 ··· (65)

10.4　实验内容 ··· (65)

参考文献 ··· (69)

附　录

附录1　各晶系中的单形 ·· (73)

附录2　各晶族中单形的几何特征 ······························ (76)

附录3　可用矿物的工业分类 ···································· (80)

附录4　相似矿物对比表 ··· (82)

附录5　摩氏硬度计(十级标准矿物) ···························· (89)

附录6　常见矿物彩图 ··· (90)

第一篇

结晶学基础

第 1 章

晶体测量与投影

晶体的测量与投影是研究晶体形态的一种最基本的方法。这一方法是依据晶体的面角守恒定律，对晶体的晶面进行测量，进而对测量数据进行投影，绘制出晶体的理想形态图，以揭示晶体固有的对称性，从而探索晶体内部的结晶规律。

1.1　目的要求

（1）认识天然晶体的形态特征，加深对面角守恒定律的理解。
（2）练习用接触测角仪测量晶体，并使用吴氏网做晶体的极射赤平投影。
（3）熟悉表示晶面空间分布位置的球面坐标和度量方法。

1.2　内容与方法

1. 面角测量

（1）观察并比较磷灰石晶体的实际晶形与理想形态（模型）的异同。
（2）用接触测角仪测量天然晶体（磷灰石晶体）的面角（即晶面法线间夹角）。
① 磷灰石的形态。
磷灰石晶体的理想形态如图 1－1 所示。实验用磷灰石为天然晶体，需要辨别哪些是柱面 m，哪些是锥面 r，有时还可能要辨别底面 c。

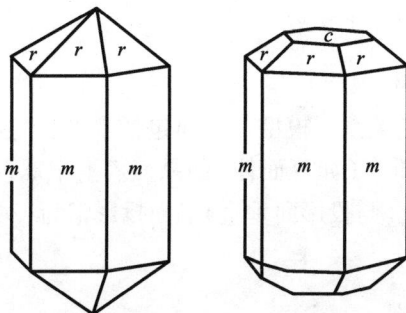

图 1－1　磷灰石晶体的理想形态

②磷灰石晶体的面角测量。

用接触测角仪测量磷灰石晶体的面角时(图1-2)测角仪应与晶面贴紧,并使测角仪平面与所测二晶面的交棱方向垂直,每种面角测量三次,每次精度读到1/2°,取其平均值。记录格式如表1-1所示。

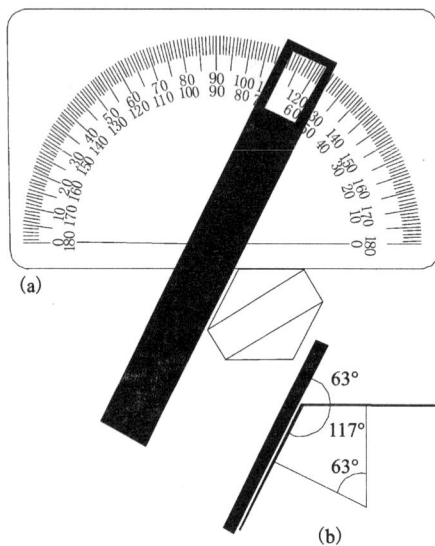

图1-2 接触测角仪及其测角原理

表1-1 测量面角记录表

面角	第一次	第二次	第三次	平均值
$m \wedge m$				
$m \wedge r$				
$r \wedge r$				

③测量结果处理。

将所测数据与其他同学所测的结果相比较,看是否符合面角守恒定律。

2. 用吴氏网做晶面的极射赤平投影

(1)利用晶体模型进行晶体投影。

明确晶面投影点与基圆的关系。模型上晶面包括水平、直立和倾斜晶面,以及上、下半球重合的晶面和同形等大不重合(如菱面体)的晶面。上半球(投影球)晶面投影点记作⊙;下半球晶面投影记作×;直立(与投影面垂直)晶面投影记为 ⊙或○;上、下半球晶面投影点重合记为⊗,如图1-3所示。

(2)投影的准备工作。

将一张透明纸蒙在吴氏网上,用铅笔在透明纸上描出基圆,用符号"+"标出基圆圆心,

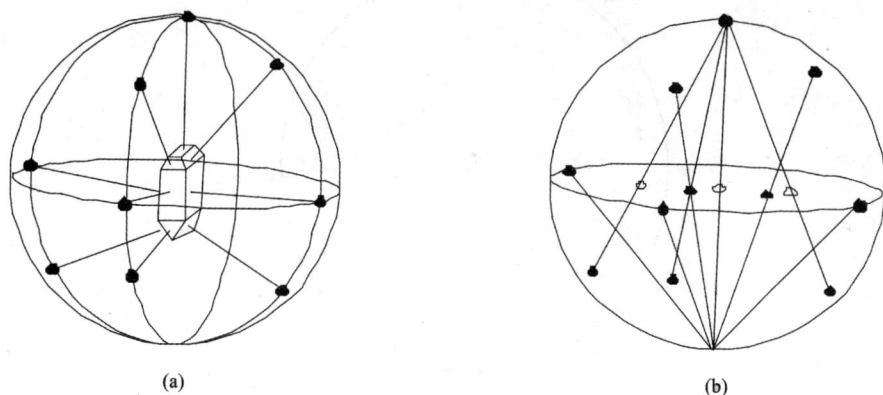

图1-3　晶体的球面投影极点(a)及晶面投影点(b)

并选择横直径作为零度子午面,在横直径右端与基圆相交处画一箭头,注明 $\varphi = 0°$,如图1-4所示。

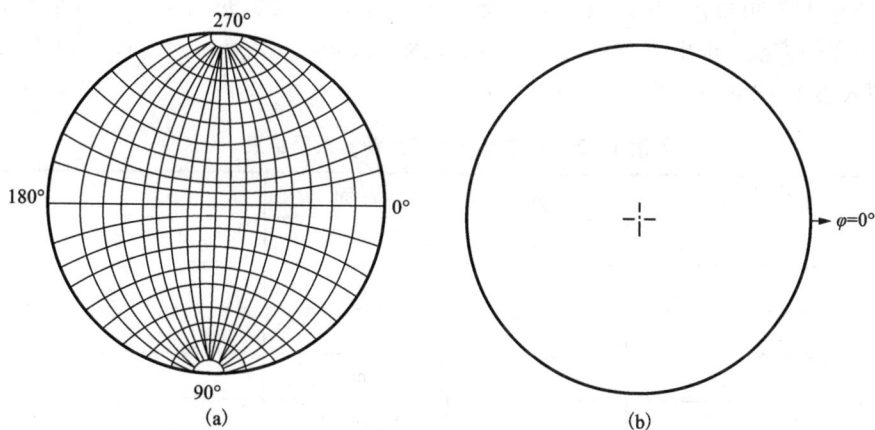

图1-4　吴氏网(a)和在透明纸上画出的基圆(b)

(3)做 m 面的极射赤平投影。

将磷灰石的 m 面置于垂直网面的方向,则它们的投影点应落在基圆上。投影方法:首先将任一 m 面投影于 $\varphi = 0°$ 处,以符号⊙表示,旁边标上 m_1。由 m_1 面起,沿着基圆顺时针方向量 $m_1 \wedge m_2$ 的面角,得到 m_2 的投影点。同样,可以依次得出 m_3、m_4、m_5、m_6 的极射赤平投影点。

(4)做 r 面的极射赤平投影。

将吴氏网中心点与 m_1 做连线,该直线即为网的横直径(零度子午面),利用横直径上的刻度自 m_1 沿横直径向中心量出 $m \wedge r$ 的面角,即得到 r_1 面的极射赤平投影点,以符号⊙表示,并标上 r_1。同样操作,可获得 r_2、r_3、r_4、r_5、r_6 的极射赤平投影点,如图1-5所示。

(5)用球面坐标表示晶面投影点的位置,并求出 $r_1 \wedge r_2$ 和 $r_2 \wedge r_3$ 之间的面角。

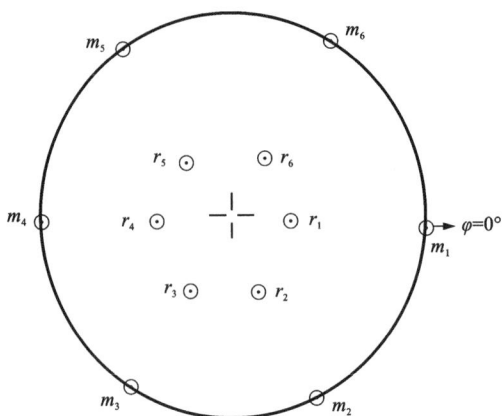

图 1-5　磷灰石晶体的极射赤平投影

①晶面投影点的位置可以用球面坐标方位角 φ 和极距角 ρ 表示。其方法如下：将中心点与 r_2 连线延长与基圆相交（应该是 m_2），由 $\varphi=0°$ 处起顺时针方向量至交点的度数，就是 r_2 的方位角 φ。再将透明纸转动使中心点与 r_2 的连线与吴氏网横直径重合，由中心点至 r_2 点间的度数就是 r_2 的极距角 ρ。晶面投影和用球面坐标 (ρ, φ) 表示的晶面方位的原理如图1-6所示。用同样的方法，求出 r_1、r_2、r_3、r_4、r_5、r_6 及 m_1、m_2、m_3、m_4、m_5、m_6 的方位角 φ 和极距角 ρ，填入表1-2内。

表 1-2　方位角 φ 和极距角 ρ 求得结果

晶面	φ	ρ	晶面	φ	ρ
r_1			m_1		
r_2			m_2		
r_3			m_3		
r_4			m_4		
r_5			m_5		
r_6			m_6		

②求 $r_1 \wedge r_2$ 和 $r_2 \wedge r_3$ 之间的面角。方法如下：中心点固定并转动透明纸，使 r_1 和 r_2 落于吴氏网的一个大圆弧上，利用网的大圆弧刻度量出 r_1 与 r_2 点间的度数，即为它们的面角；同样方法求得 r_2 与 r_3 的面角。将结果与实测数据对比，加深对面角守恒定律的理解。

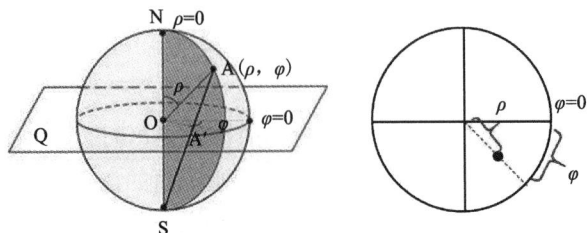

图 1-6　晶面投影和以球面坐标 (ρ, φ) 表示的晶面位置的原理

第 2 章

晶体的对称要素

晶体的对称要素中的"对称"指物体或图形相同的部分有规律的重复,是晶体的基本性质之一。观察晶体的对称,首先要确定晶体相等部分排列的规律性,然后对晶体进行一定的操作(如旋转、反映、反伸),以观察晶体上的相等部分(晶面、晶棱、角顶)是否按一定的规律重复或重合。要使晶体的相等部分重复或重合必须借助点、线、面等一些几何要素,这些几何要素就是对称要素,通常包括对称面、对称轴、旋转反伸轴(亦称倒转轴)、旋转反映轴和对称中心。

2.1 目的要求

(1)通过对晶体模型的实际操作,观测晶体模型中单体要素(晶面、晶棱、角顶)在空间分布的特点,加深对晶体对称、对称操作和对称要素的理解,练习找对称要素的方法。

(2)利用对称组合规律在晶体模型上熟练地找出其全部对称要素,并确定对称型。

(3)根据晶体模型的对称特征,掌握晶体对称的分类体系及特点,判定其所属的晶族、晶系。

2.2 内容与方法

2.2.1 找对称要素

1.在晶体模型上找对称面、对称轴、对称中心

(1)找对称面 P。

对称面是一个通过晶体中心的假想平面。它犹如一面镜子将晶体平分为互为镜像相等的两个部分。相应的操作是对平面的反映。

检验是否成镜像反映的简单方法:做两相等部分上的对应点的连线,看是否与对称面垂直且等距,是则为对称面(图 2 – 1)。一个晶体模型上可没有对称面,也可有一个或几个对称面,最多有 9 个,如果对称面多于 1 个应把数目写在字母 P 的前面,如写作 $9P$。

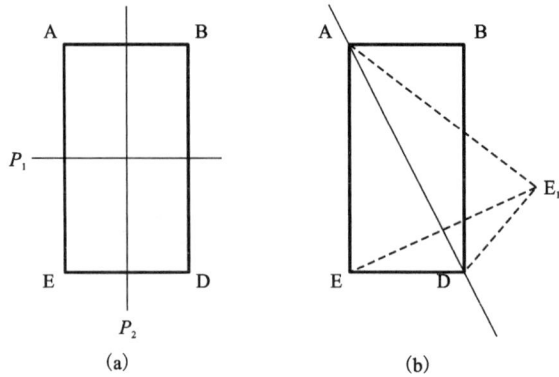

图 2-1 P_1、P_2 为对称面，A、D 不是

对称面必通过晶体几何中心，且垂直平分某些晶面、晶棱，或包含某些晶棱(图 2-2)。

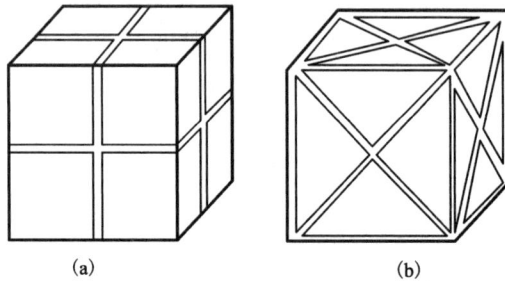

图 2-2 立方体的 9 个对称面

(a)垂直晶面和通过晶棱中点，并彼此互相垂直的 3 个对称面

(b)包含一对晶棱，垂直斜切晶面的 6 个对称面

(2)找对称轴 L^n。

L^n也称为旋转轴，是通过晶体中心的一根假想直线，晶体绕此直线旋转一定的角度后，可使晶体上的相等部分重复或重合。对称轴的操作是绕直线旋转。

旋转一周重复的次数称为轴次 n。重复时所旋转的最小角度称为基转角 α。两者之间的关系是：$n = 360°/2\alpha$

对称轴有 L^1、L^2、L^3、L^4、L^6。但是在实践中只 L^1 没有实际意义，任何物体旋转 360° 后都会重复。所以实际上只有 L^2、L^3、L^4、L^6 四种情况。其中，除了 L^2 以外统称为高次轴。轴次为几次，在轴的周围晶体上就有几个相等的部分(图 2-3)。

对称轴常出现在：两个相对面的中心的连线，一个角顶及它对面的连线，以及一条棱与它对面的中心的连线或对应棱中点的连线。同一晶体中可以无或有对称轴；同一轴次对称轴可有一个或数个，数个时用系数表示，如 $3L^2$；也可以数个不同轴次对称轴同时存在，如 $3L^4 3L^3 6L^2$。

(3)找旋转反伸轴 L_i^n。

L_i^n 也称为倒转轴，是一种复合要素。当晶体环绕通过中心的假想的旋转轴转过一定的角

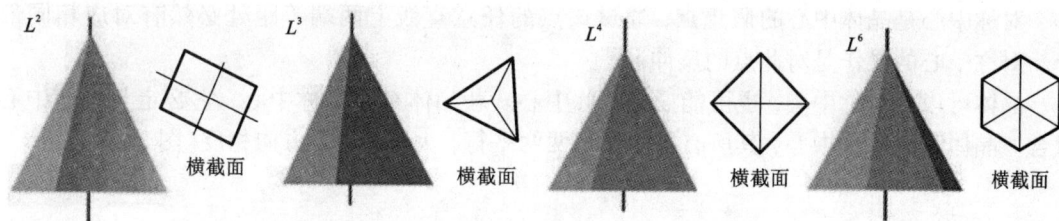

图 2-3 对称轴及其垂直该轴切面的示意图

度后再通过假想的晶体中心点的倒反实现相同部分的重复。相应的操作是旋转加反伸。

L_i^n 的种类包括 L_i^1、L_i^2、L_i^3、L_i^4 和 L_i^6。

晶体中的旋转反伸轴除 L_i^4 外,其他可由简单对称要素 L^n、P、C 替代(图 2-4):$L_i^1 = C$、$L_i^2 = P$、$L_i^3 = L^3C$、$L_i^6 = L^3P$。

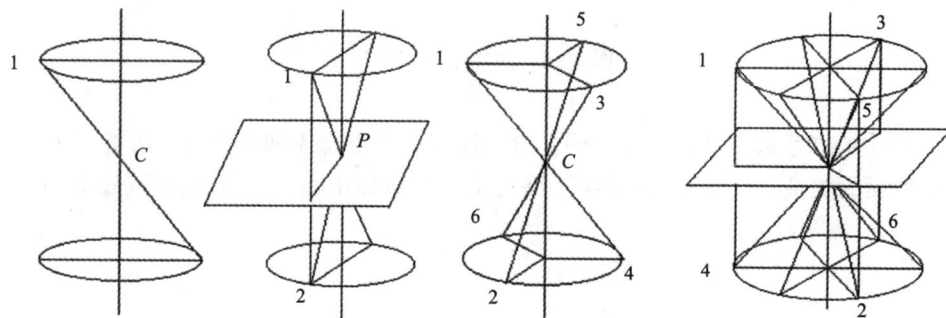

图 2-4 L_i^1、L_i^2、L_i^3 和 L_i^6 依次由简单对称要素替代图示

由于这些旋转反伸轴可以被简单的对称要素代替,只有 L_i^4 不能由简单的对称要素代替,因此 L_i^4 具有特殊意义。反伸轴的轴次通常比与之重合的旋转轴轴次高,而且反伸一定出现在无对称中心的晶体中。

一般当晶体有 L^2 而无对称中心时,应注意该 L^2 是否是 L_i^4。其寻找方法是:将晶体围绕 L^2(暂定)旋转 $90°$,再进行反伸操作,观察旋转前后的图形能否重复,如重复,该假想直线是 L_i^4 而非 L^2(L^2 不能单独计数)。具有 L_i^4 的几何多面体以四方四面体和四面体最为典型;另外,当晶体中唯一的高次轴是 L^3 且还有与之相垂直的 P,此时 L^3 和 P 的组合记作 L_i^6(因 $L_i^6 = L^3P$)而不能再单独记数,也就是说 L_i^6 的对称特点虽与 $L^3 + P$ 相当,但 L_i^6 是六次对称,其对称程度要高于三次,不能替代。

(4)找旋转反映轴 L_s^n。

L_s^n 是一种复合对称要素。由通过晶体中心的假想平面和与该平面垂直且通过中心的轴组合而成。晶体围绕该轴旋转一定角度后,再借助假想平面的反映才能让相同部分重复出现。相应的操作是旋转加反映。旋转反映轴也有轴次且和旋转反伸轴具有等效关系:$L_s^1 = L_i^2$;$L_s^2 = L_i^1$;$L_s^3 = L_i^6$;$L_s^6 = L_i^3$;$L_s^4 = L_i^4$。

（5）找对称中心 C。

对称中心是晶体中心的假想点，通过该点的任意直线上两端等距处必然有对应相同部分。对称中心的操作是对此点的反伸。

晶体可以有对称中心，也可能没有对称中心。若晶体存在对称中心，它必定与几何中心重合。晶体若有对称中心，其所有晶面必定两两平行，大小相等，方向相反（图 2-5）。

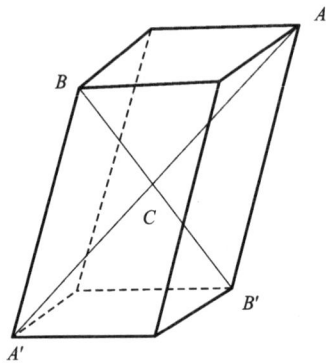

图 2-5　对称中心 C 图形

由对称中心联系起来的物体上的两部分，分别相当于物体和它的像，两者互为上下、左右、前后倒反的关系。且二者大小相等，各对应点与对称中心的距离都相等（图 2-6）。

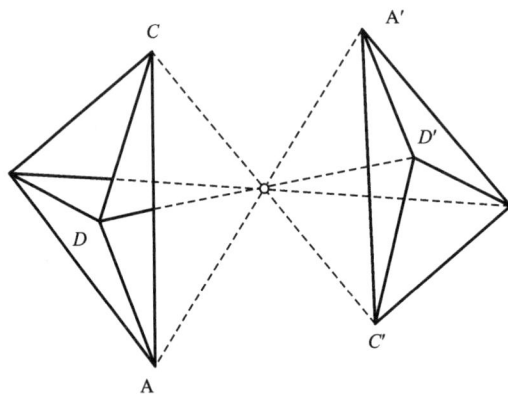

图 2-6　由对称中心联系起来的物与像互成倒反关系

2. 晶体模型上的对称要素可在下列位置去找

①对称面 P——可能是垂直平分晶面、垂直平分晶棱的平面或是包含晶棱的平面。在找对称面时，模型尽量不要转动，以免遗漏或重复计数。

②对称轴 L^n——可能通过晶棱的中点、晶面中心点或角顶；这些位置的点两两相连但必须通过晶体中心，这种连线为可能的对称轴。对称轴的轴次与出现的位置有关，凡通过晶棱中点的只能是 L^2，对于通过晶面中心和角顶的对称轴，其多边形晶面的面数或相交于角顶的

晶棱数，必能为对称轴的轴次所整除。（注意：当某一对称轴可以是几种轴次时，应取最高轴次；如同时为 L^2、L^3、L^6，则应取 L^6 为该轴的轴次。）

③对称中心 C——将晶体置于桌子上，观察晶体上面的晶面与接触桌面的晶面是否相等平行，如果晶体中每一对晶面都是这样两两平行，同形等大，方向相反，则晶体具有对称中心。（注意：对称中心在晶体中最多只有一个或不存在，只要有一个晶面无对应晶面与之平行时该晶体无对称中心。）

④旋转反伸轴 L_i^n——在实际中常用的有 L_i^4 和 L_i^6，因 L_i^4 首先必须是 L^2，L_i^6 首先必须是 L^3，故在没有对称中心的晶体中，L^2 有可能是 L_i^4，L^3 有可能是 L_i^6，须注意观察。

分析晶体模型寻找对称要素，记录格式如表 2 - 1 所示。

表 2 - 1　寻找晶体模型对称要素结果统计

模型	对称轴				旋转反伸轴		对称面	对称中心
	L^2	L^3	L^4	L^6	L_i^4	L_i^6	P	C
举例：立方体	6	4	3				9	有
举例：四方四面体	2				1		2	无

2.2.2　利用组合定理确定对称型

晶体上所有对称要素的组合即为对称型，也就是把所有对称要素按书写规则写出来即是对称型。书写规则：首先从前到后顺序为对称轴→对称面→对称中心，如 L^2PC；其次对称轴有多种轴次时，一般按轴次高到低顺序依次书写，即高次轴在前低次轴在后，如 $L^4 4L^2$，$3L^4 6L^2$；最后当对称要素中有 $4L^3$ 时，书写时一定将 $4L^3$ 写在第二位，如 $3L^2 4L^3 3PC$、$3L^4 4L^3 6L^2 9PC$。

首先依据有无高次轴及高次轴的多少确定晶族，然后根据对称特点定晶系和对称型。（注意：对称组合定理只适合中、低级晶族。）

1. 若高次轴 L^n 多于一个，属于高级晶族的等轴晶系

不能应用对称组合定理。等轴晶系中必然会找到 3 个互相垂直的 L^4 或 L^2 和在其四周对称出现并与之斜交的 4 个 L^3；且在有 3 个 L^4 的晶体中必有 6 个 L^2；对称面可无，要有则为 3 个、6 个或 9 个；对称中心亦可有可无，其判别方法同前所述。

2. 若高次轴仅有一个时，属于中级晶族

根据高次轴 L^n 或 L_i^n 的轴次，晶体应分属四方（L^4 或 L_i^4）、三方（L^3）或六方（L^6 或 L_i^6）晶系。将高次轴 L^n 直立，先检查与 L^n 垂直的方向上有无 L^2，若有则必为：$L^n + L_\perp^2 \rightarrow L^n nL^2$；其次检查与 L^n 垂直的方向上有无对称面 P，若有则为：$L^n + P_\perp \rightarrow L^n P(C)$；最后检查与 L^n 平行的方向上

有无对称面 P，若有则为：$L^n + P_{//} \rightarrow L^n nP$。

在中级晶族晶体中，若无对称中心，则应注意检查有无旋转反伸轴 L_i^4 或 L_i^6 的存在。假如有 L_i^4 存在，则将它直立，再检查有无 L^2 与它垂直（或包含它的 P），若有则必存在 $2L^2$ 和 $2P$，即 $L_i^4 2L^2 2P$；若无则为 L_i^4。假如有 L_i^6 存在，使它直立，同样检查有无 L^2 与它垂直（或包含它的 P），若有则必存在 $3L^2$ 和 $3P$，即 $L_i^6 3L^2 3P$；若无则为 L_i^6。

例如：四方柱，以 L^4 直立，在与 L^4 垂直的方向上有 L^2（$L^4 + L_{\perp}^2 \rightarrow L^4 4L^2$），有 P（$L^4 + P_{\perp} \rightarrow L^4 PC$），与 L^4 平行的方向上也必有 P（$L^4 + P_{//} \rightarrow L^4 4P$），则该晶体模型的对称型为四方晶系的 $L^4 4L^2 5PC$。

3. 若无高次轴时，应属低级晶族

它们的对称要素简单，对称型容易确定，再根据对称特点即可定出其所属晶系。

应用对称组合定理分析晶体模型确定对称型，记录格式如表 2–2 所示。

表 2–2　应用对称组合规律找对称要素

模型	应用组合规律	晶族	晶系	对称型
举例：四方柱	$L^n + L_{\perp}^2 \rightarrow L^n nL^2$ $L^{n(偶)} + P_{\perp} \rightarrow L^n PC$ $L^n + P_{//} \rightarrow L^n nP$	中级	四方	$L^4 4L^2 5PC$

2.2.3　对称型分析

找出晶体的全部对称要素，即为对称型分析，通过该分析可确定对称型以及它们所属的晶族和晶系。其分析的内容和步骤如下（以立方体模型为例）所述。

（1）找点。

立方体包括 8 个角顶、12 个晶棱的中点和 6 个晶面的中心点，这些点两两相连但必须通过晶体中心，这种连线为可能的对称轴。

（2）找最高次轴以及多少。

立方体对应晶面中心点的连线为 L^4，有 $3 L^4$，确定其属于高级晶族的等轴晶系。

（3）依次确定对称轴。

对应角顶的连线为 L^3，有 $4 L^3$；对应晶棱中点的连线为 L^2，有 $6 L^2$。一次轴没有实际意义就不必分析了。

（4）确定有无对称中心。

立方体 6 个晶面两两相互平行，有 C。

（5）确定对称面。

如图 2-2 所示，立方体有 9 个对称面，写作 9P。

（6）将所有对称要素按组合书写规律写出来。

立方体的对称型为 $3L^44L^36L^29PC$。

（7）查表核对。

晶体的对称分类表如表 2-3 所示，自然界的所有晶体都属于该表中的某一对称型，因此，在一个晶体上找出了全部对称要素去查表，若没有适当的对称型，说明分析工作有遗漏或重复，需要分析原因，重新确定。

表 2-3　晶体的对称分类

晶族	对称特点	晶系	对称特点	对称型	晶类名称	晶体实例
低级晶族	无高次轴	三斜晶系	无 L^2 或 P	L^1 C	单面 平行双面	高岭石 钙长石
		单斜晶系	L^2 或 P 均不多于一个	L^2 P L^2PC	轴双面 反映双面 斜方柱	镁铅矾 斜晶石 石膏
		斜方晶系	L^2 或 P 多于一个	$3L^2$ L^22P $3L^23PC$	斜方四面体 斜方单锥 斜方双锥	泻利盐 异极矿 重晶石
中级晶族	只有一个高次轴	三方晶系	唯一高次轴 L^3	L^3 L^3C L^33L^2 L^33P L^33L^23PC	三方单锥 菱面体 三方偏方面体 复三方单锥 复三方偏三角面体	细硫砷铅矿 白云石 α-石英 电气石 方解石
		四方晶系	唯一高次轴 L^4 或 L^4_i	L^4 L^4_i L^4PC L^44L^2 L^44P $L^4_i2L^22P$ L^44L^25PC	四方单锥 四方四面体 四方双锥 四方偏方面体 复四方单锥 复四方偏三角面体 复四方双锥	四银铅矿 砷硼钙石 白钨矿 镍矾 羟氯银铅矿 黄铜矿 锆石

续表 2-3

晶族	对称特点	晶系	对称特点	对称型	晶类名称	晶体实例
中级晶族	只有一个高次轴	六方晶系	唯一高次轴 L^6 或 L_i^6	L^6 L_i^6 L^6PC L^66L^2 L^66P $L_i^63L^23P$ L^66L^27PC	六方单锥 三方双锥 六方双锥 六方偏方面体 复六方单锥 复三方双锥 复六方双锥	霞石 磷酸氢二银 磷灰石 β-石英 红锌矿 蓝锥矿 绿柱石
高级晶族	有数个高次轴	等轴晶系	必有 $4L^3$	$3L^24L^3$ $3L^24L^33PC$ $3L^4_i4L^36L^2$ $3L^4_i4L^36P$ $3L^44L^36L^29PC$	五角三四面体 偏方复十二面体 五角三八面体 六四面体 六八面体	香花石 黄铁矿 赤铜矿 闪锌矿 方铅矿

第 3 章

晶体定向及晶面符号

晶体的晶面、晶棱和角顶的分布是严格地受其所属对称型制约的。当只考虑几何形态而不考虑晶体内部结构时，已知晶面、晶棱和角顶的分布便可求得晶体所具有的对称型；但反过来，已知对称型并不能确切地求得晶体具体的几何形态，即同一对称型的晶体，可以有不同的形态，如立方体和八面体，对称型均为 $3L^4 4L^3 6L^2 9PC$。在实际工作中，准确地描述矿物晶体的几何形态对反演矿物形成的物理化学条件乃至地质找矿勘探都是十分重要的。因此，要掌握好描述晶体各晶面和晶棱空间方位及其相互关系以及导出晶体几何多面体外形的方法。这个方法的实质就是借助一定的坐标系统，用若干数学符号来表征晶体各相关几何要素的空间方位，也就是对晶体进行定向并确定晶面符号。

3.1　目的要求

(1)掌握各晶系的晶体定向原则。
(2)学会肉眼估计晶面符号的方法。
(3)认识 47 种几何单形，熟练掌握 24 种常见单形，主要是认识它们的特点及名称。
(4)学会单形的推导以及单形符号的确定。
(5)深入理解聚形的概念，掌握聚形分析的方法、步骤。

3.2　内容与方法

3.2.1　晶体定向

结晶轴的选择和轴率的确定称为晶体定向。方法如下：
①首先定出模型的对称型、晶系和单形名称。
②参考"各晶系的晶体定向表"选出晶轴(表 3 - 1)。
③使各晶轴之间的交角 α、β、γ 尽可能接近 90°或等于 90°。
④选择单位面(即轴率 $a:b:c$)：单位面是指晶体上与 3 个晶轴都相截且截距系数相等的晶面，其符号为(111)。当晶体上仅有一组晶面与三晶轴相交，并符合该晶系的晶体常数

时，常以它作为单位面；如晶体有几组晶面与晶轴相交，则选择与三晶轴的截距接近相等的晶面做单位面。也就是说轴长尽可能地为 $a = b = c$。

表 3 - 1　各晶系的晶体定向表

晶系	选轴标准		晶轴的方向及晶体常数的特点
等轴晶系	以三个互相垂直的 L^4、L_i^4 或 L^2 分别为 X、Y、Z 轴		Z 轴直立；Y 轴左右水平；X 轴前后水平；$a = b = c$；$\alpha = \beta = \gamma = 90°$
四方晶系	唯一高次轴为直立的 Z 轴	两个相互垂直的 L^2，若没有 L^2 就选对称面的法线或晶棱的方向为 X、Y 轴	Z 轴直立 Y 轴左右水平 — X 轴前后水平；$a = b \neq c$；$\alpha = \beta = \gamma = 90°$
六方晶系和三方晶系		三个互成60°交角的 L^2，若没有 L^2，则选对称面的法线或晶棱的方向为 X、Y、U 轴	X 轴水平朝正前偏左30°；U 轴水平朝正后偏左30°；$a = b \neq c$；$\alpha = \beta = 90°$；$\gamma = 120°$
斜方晶系	以一个 L^2 为 Z 轴	另两个 L^2 或两对称面的法线分别为 X、Y 轴	Y 轴左右水平；X 轴前后水平；$a \neq b \neq c$；$\alpha = \beta = \gamma = 90°$
单斜晶系	以 L^2 或 P 的法线为 Y 轴	任何两个垂直于 Y 轴的棱的方向为 X、Z 轴	Z 轴直立 — Y 轴左右水平；X 轴前后，朝前下方倾；$a \neq b \neq c$；$\alpha = \gamma = 90°$，$\beta > 90°$
三斜晶系	以不在一平面内的三个适当晶棱的方向为 X、Y、Z 轴		Y 轴左右，朝右下方倾；X 轴大致前后，朝前下方倾；$a \neq b \neq c$；$\alpha \neq \beta \neq \gamma \neq 90°$；$\alpha > 90°$，$\beta > 90°$，$\gamma > 90°$

值得一提的是：六方与三方晶系的定向方法相同，其共同特点为需要选择四个晶轴（三个水平轴），只有这样才可以使同一单形的各晶面指数的数字相同，任一个晶面在三个水平轴上的指数代数和等于零。

3.2.2　定晶面符号

用坐标轴表示晶面在空间的位置符号叫作晶面符号。其确定的方法是：在晶体定向后，视晶面和坐标轴（晶轴）的相互关系确定其晶面符号。具体地说，取晶面在各晶轴上截距系数的倒数比，去掉比例尺符号，以小括号括之，如(100)，即为该晶面的晶面符号。

关于晶面符号有如下特点：

①在晶面符号中，晶面指数的排列有固定顺序。对三轴定向者，晶面指数按照 X、Y、Z 轴的顺序排列，一般写作 (hkl)；对于三方和六方的四轴定向，指数按 X、Y、U、Z 轴顺序排列，一般写作 $(hkil)$。

②晶面符号的指数是截距系数的倒数，所以晶面的截距越长，则在该轴上的指数越小，当平行某晶轴时，则对应轴的指数为零。

③指数能确切估计时，则用阿拉伯数字表示，如(110)、(210)、(111)等，如不能确切估计时，则用字母表示，如三轴定向(hkl)或四轴定向($hkil$)。

④由于晶轴有正负之分，所以晶面指数根据晶面截晶轴于正端或负端也有正负之分。如相交于负端，则在相应指数上面加"－"号，如($\bar{1}00$)。

⑤同一晶体上，任何两个互相平行的晶面，它们对应的晶面指数的绝对值是相同的，但正负号彼此恰恰相反。

⑥晶轴就是该单形的对称要素。因此，同一单形的各晶面与晶轴都有相同的相对位置，所以同一单形中各个晶面指数的绝对值不变，而只有顺序与正负号变化。

3.2.3　单形分析

1. 认识单形

对照 47 种单形图(图 3－1、图 3－2 及图 3－3)逐一观察模型，记忆单形名称，尤其对其中 24 种常见单形一定要熟练掌握。这 24 种常见单形包括平行双面、斜方柱、斜方双锥、四方柱、四方双锥、四方四面体、三方双锥、三方柱、复三方柱、三方单锥、菱面体、复三方偏三角面体、三方偏方面体、六方柱、六方双锥、四面体、八面体、立方体、菱形十二面体、五角十二面体、四角三八面体、三角三八面体、四六面体、偏方复十二面体。

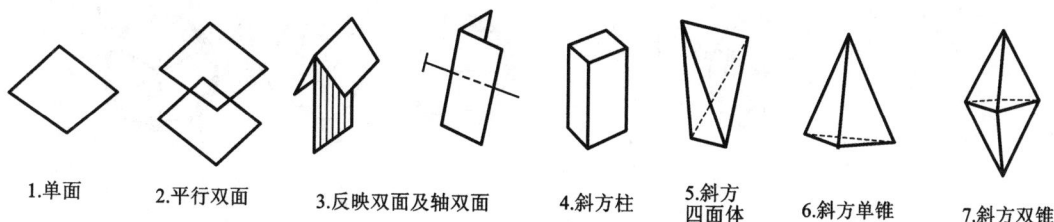

| 1.单面 | 2.平行双面 | 3.反映双面及轴双面 | 4.斜方柱 | 5.斜方四面体 | 6.斜方单锥 | 7.斜方双锥 |

图 3－1　低级晶族的单形数目(7)

单形分析方法如下：

①首先观察每一个单形的晶面数目、晶面形状、横切面形状。

②然后分析晶面在空间的分布，包括晶面间的相互关系(相交或平行)以及晶面与对称要素之间的关系(平行、垂直、等角度相交或任意斜交)。

③最后给每一个单形定以名称。

例如菱面体：由六个两两平行的菱形晶面组成，三个在上，三个在下，各自交 L^3 于一点，上下相互错开 60°。

分析时应注意如下几点：

①属于同一单形的各晶面在模型上应同形等大。

②一方面要注意一个单形不分家，即晶体上所有的相同晶面应统筹考虑为一个单形，同时也要注意不要将晶体上不同的晶面合为一个单形。

③低级和中级晶族的单形，其断面形状是单形的重要特征，因此，在观察中除了要观察晶面数目、形状、晶面之间关系外，对单形的形状必须十分注意。

8.三方柱　　9.复三方柱　　10.四方柱　　11.复四方柱　　12.六方柱　　13.复六方柱

14.三方单锥　15.复三方单锥　16.四方单锥　17.复四方单锥　18.六方单锥　19.复六方单锥

20.三方双锥　21.复三方双锥　22.四方双锥　23.复四方双锥　24.六方双锥　25.复六方双锥

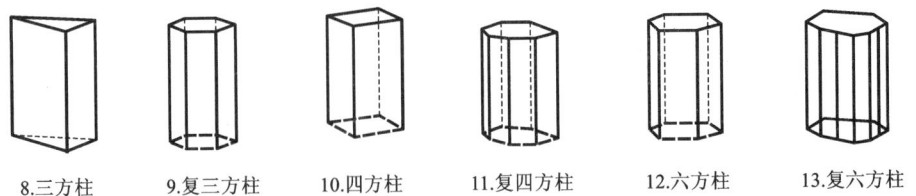

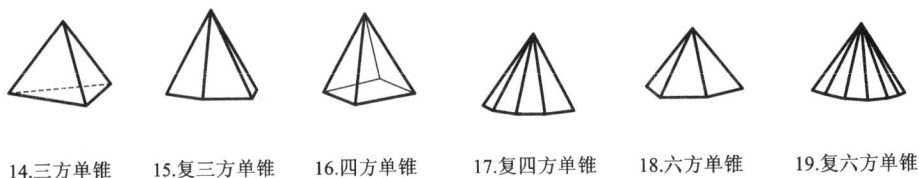

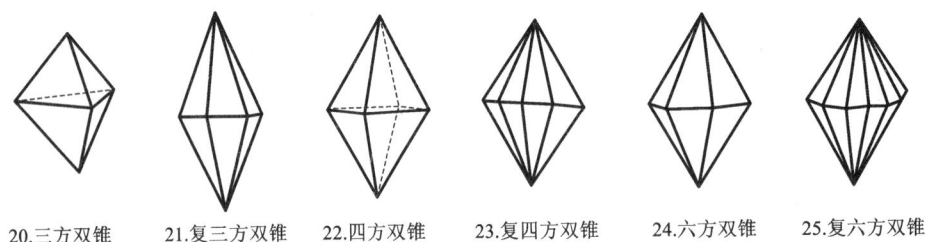

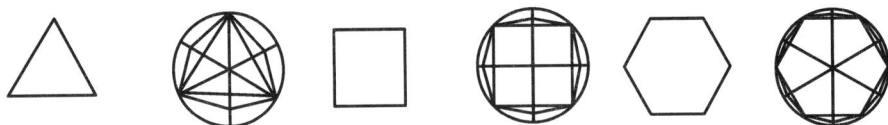

各种柱和锥的横切面

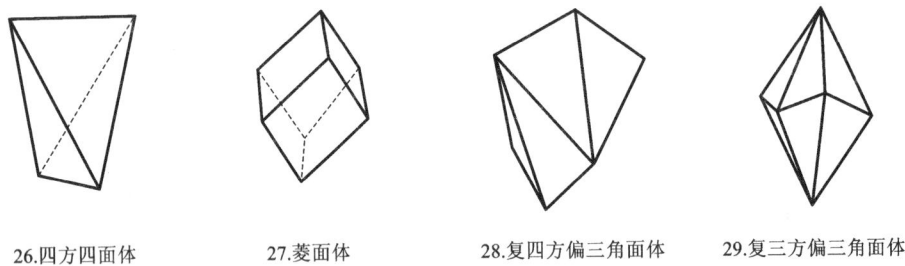

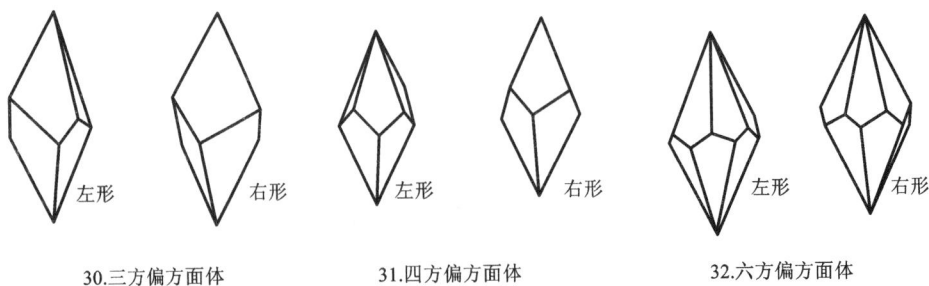

26.四方四面体　　27.菱面体　　28.复四方偏三角面体　　29.复三方偏三角面体

左形　　　　右形　　　　左形　　　　右形　　　　左形　　　　右形

30.三方偏方面体　　　　31.四方偏方面体　　　　32.六方偏方面体

图 3-2　中级晶族单形数目(25)

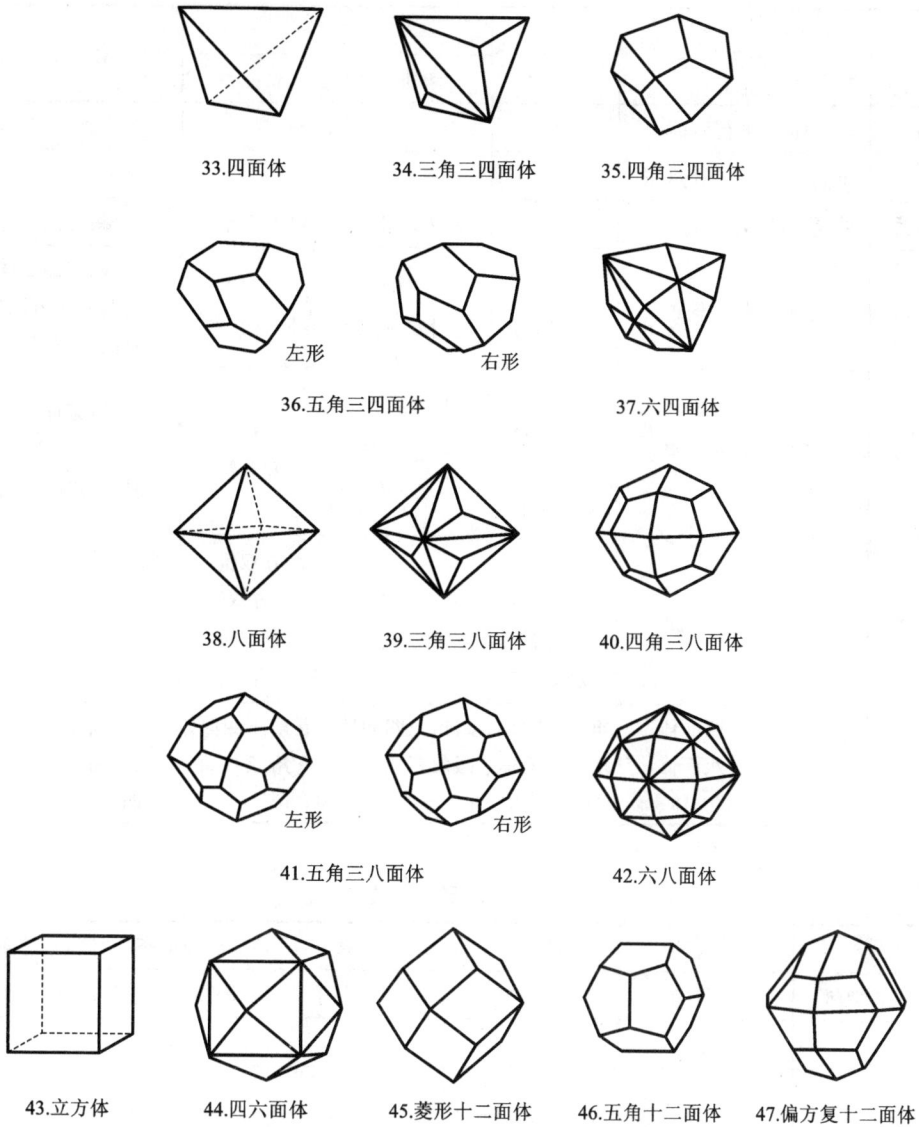

33.四面体　　34.三角三四面体　　35.四角三四面体

36.五角三四面体　左形　右形　　37.六四面体

38.八面体　　39.三角三八面体　　40.四角三八面体

41.五角三八面体　左形　右形　　42.六八面体

43.立方体　　44.四六面体　　45.菱形十二面体　　46.五角十二面体　　47.偏方复十二面体

图 3 - 3　高级晶族单形数目(15)

④一定的单形分别属于一定的晶系及晶类，如立方体与八面体只在等轴晶系中出现，菱面体必属三方晶系等。因此，要十分注意将单形与其所属晶族、晶系联系起来记忆。同时还应注意，三方与六方晶系中可以出现较多的相同单形；而平行双面及单面在中、低级晶族中均可出现，单形在各晶系中的分布见表 3 - 2。

⑤在反复认识和熟悉单形特征的基础上，要做到由单形的名称就可以想起单形的形状；相反，看见单形的形状就能叫出单形的名称。

单形分析的记录格式如表 3 - 3 所示。

表 3 - 2　47 种几何单形在各晶系中的分布

晶系	面类	柱类	锥类		面体、偏方面体
			单锥	双锥	
三斜晶系	单面、平行双面				
单斜晶系	单面、双面、平行双面	斜方柱			
斜方晶系	单面、双面、平行双面	斜方柱	斜方单锥	斜方双锥	斜方四面体
四方晶系	单面、平行双面	四方柱 复四方柱	四方单锥 复四方单锥	四方双锥 复四方双锥	四方四面体 四方偏方面体 复四方偏三角面体
三方晶系	单面、平行双面	三方柱 复三方柱 六方柱 复六方柱	三方单锥 复三方单锥 六方单锥	三方双锥 六方双锥	菱面体 三方偏方面体 复三方偏三角面体
六方晶系	单面、平行双面	三方柱 复三方柱 六方柱 复六方柱	六方单锥 复六方单锥	六方双锥 复六方双锥 三方双锥 复三方双锥	六方偏方面体
等轴晶系	四面体、三角三四面体、四角三四面体、五角三四面体、六四面体 八面体、三角三八面体、四角三八面体、五角三八面体、六八面体 立方体、菱形十二面体、五角十二面体、偏方复十二面体、四六面体				

表 3 - 3　单形分析结果

模型号	单形名称	对称型	晶系	晶面形态	晶面数
举例：四方双锥	四方双锥	$L^4 4L^2 5PC$	四方晶系	等腰三角形	8

2.区分下列的相似单形及左形和右形

（1）三方双锥、菱面体、三方偏方面体。

（2）斜方双锥、四方双锥、八面体、四方偏方面体。

（3）斜方四面体、四方四面体、四面体。

（4）斜方柱、四方柱。

（5）复三方柱、六方柱。

（6）复三方双锥、六方双锥、复三方偏三角面体、六方偏方面体。

（7）三角三八面体、四角三八面体、偏方复十二面体。

（8）菱形十二面体、五角十二面体。

（9）三方偏方面体、四方偏方面体、六方偏方面体的左形和右形。

特别说明的是：左形与右形是互为镜像，不能以旋转操作重复的两个图形。左右形的划分人为确定。偏方面体类中晶面不与高次轴相交的两边，长边在左为左形，长边在右为右形。五角三四体看两个 L^3 出露点之间的折线，折线下边棱偏左为左形，折线下边棱偏右为右形。五角三八面体看两个 L^4 出露点之间的折线，折线上边棱偏左为左形，折线上边棱偏右为右形。

3.单形的推导

以单形中的任意一个晶面作为原始晶面，通过对称型中全部对称要素的作用必能导出该单形的全部晶面。在同一对称型中，由于原始晶面与对称要素的相对位置不同，可导出不同的单形。每一个对称型其晶面与对称要素的相对位置最多只可能有 7 种（图 3 - 4），从而可导出最多 7 种单形。不同的对称型推导出来的相同形态的单形，就其对称性来说是不同的。

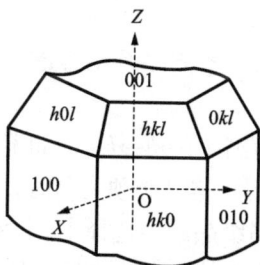

图 3 - 4　原始晶面的 7 种不同位置

以对称型 $L^2 2P$ 为例，其定向与对称要素的空间分布如图 3 - 5 所示。原始晶面的位置不同，可以导出如图 3 - 6 所示的 7 个单形或 5 种单形。其具体的单形推导如下：

①原始晶面（001）垂直 L^2 形成单面[图 3 - 6(a)]。

②原始晶面（100）或（010）平行 L^2 垂直 P 形成平行双面[图 3 - 6(b)，图 3 - 6(c)]。

③原始晶面（$h0l$）或（$0kl$）垂直 P 斜交 L^2 形成反映双面[图 3 - 6(d)，图 3 - 6(e)]。

④原始晶面（$hk0$）平行 L^2 形成斜方柱[图 3 - 6(f)]。

⑤原始晶面（hkl）与 L^2 及 P 斜交形成斜方单锥[图 3 - 6(g)]。

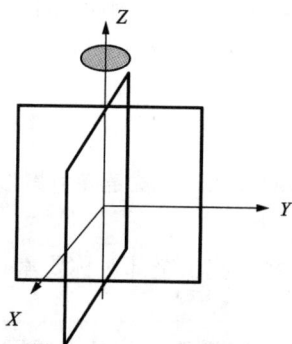

图 3 - 5　对称型 $L^2 2P$ 的定向与其对称要素的空间分布

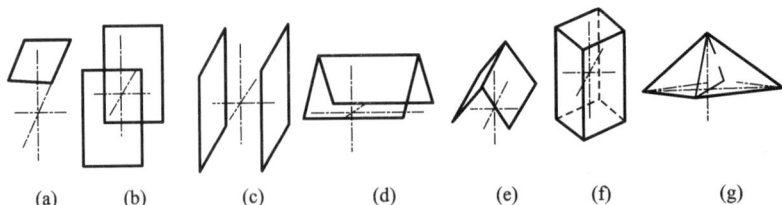

图 3-6　对称型 $L^2 2P$ 中导出的 7 个单形

3.2.4　定单形符号

一般在每个单形中，以一个和三个晶轴都交于正端的晶面符号为代表，将小括号（）改为大括号｛｝括之，即成单形符号，用以表征组成该单形的一组晶面的结晶学取向符号。如｛111｝、｛110｝等。

代表晶面选择原则：

①选择正指数最多的晶面，三方、六方晶系不考虑 i；同时遵循先前、次右、后上原则，即 $h \geqslant k \geqslant l$。

②有负指数时优先选择为正的顺序：$l \to h \to k$；即如不可避免有负指数出现时，优先选择 l 为正者，同时也尽可能选择 h 为正者；若 l 必须为负时，则优先选择 h 为正值的晶面。

③在先满足上一条的前提下，高级晶族中选择 $|h| \geqslant |k| \geqslant |l|$ 的晶面；中级晶族选择 $|h| > |k|$ 的晶面；低级晶族中以第一条为充分条件。

例如：立方体六个晶面的晶面符号为（100）、（010）、（001）、（$\overline{1}$00）、（0$\overline{1}$0）、（00$\overline{1}$），正指数晶面有三个，但以（100）在最前面，所以立方体单形符号为｛100｝。

在实际确定单形符号时，应考虑单形所属晶系、对称型；单形的晶面数目；以及单形中各晶面在空间的相对位置关系。如不注意以上几点，就会产生模糊概念，因为同一单形符号可以代表不同的单形，例如｛100｝，可以代表以下单形包括立方体（等轴晶系，六个晶面）、四方柱（四方晶系，四个晶面）、平行双面（斜方晶系，二个晶面）、平行双面（单斜晶系，$L^2 PC$，二个晶面）、单面（单斜晶系，P，一个晶面）、平行双面（三斜晶系，C，二个晶面）、单面（三斜晶系，一个晶面）。

同时，同一单形名称可有不同的单形符号，例如，四方柱可用｛100｝、｛110｝、｛$hk0$｝来表示单形符号；四方双锥可用｛111｝、｛101｝、｛$h0l$｝、｛hhl｝、｛hkl｝来表示单形。

3.2.5　聚形分析

聚形分析即从聚形中分析单形的方法，也就是弄清聚形是由哪些单形组成。其分析的步骤如下：

①确定聚形所属的对称型和晶系。找出全部对称要素，确定对称型，通过查附表 1 就可以确定聚形中可能出现的单形。

②确定单形数目。在理想形态中同形等大的晶面属同一单形。观察聚形中各晶面的形状，有几种同形等大的晶面就有几个单形。同时数出每个单形的晶面数目。

③逐一确定单形名称。根据聚形所属对称型、单形晶面的数目和相对位置以及晶面与对称要素之间的关系，就可确定出每个单形的名称。对于某些形状简单的单形，还可以通过假想把单形的晶面延长扩大至相交以后，想象该单形的形状。在聚形中单形的晶面形状会发生变化，但同一单形各晶面的相对位置(晶面与对称要素的关系)不变。

④由于只有属于同一对称型的单形才能相聚，找出该聚形所属的对称型，根据"各晶系的单形表"进行核对，检查所确定的单形名称是否符合该对称型所属的单形，如不符合，说明有错误。

⑤举例及记录格式如表3-4所示。

表3-4 聚形分析结果

模型号	对称型	晶系	聚形分析	
			单形数目	单形名称及其晶面数目
举例:锡石晶体	L^44L^25PC	四方	4	四方柱$_1$(4);四方柱$_2$(4) 四方双锥$_1$(8);四方双锥$_2$(8)

分析时应注意如下几点：

①只有属于同一对称型的单形才可能聚合在一起成为聚形。

②注意单形在各晶族、晶系中的分布及各晶系、晶类所包含的单形。

③在任何情况下，都不能依靠聚形中单形的晶面形状来定单形的名称。

④同样要注意一个单形不分家，也不归并(即合二为一)。

⑤如在聚形中发现有两个以上相同的名称的单形时，在记录时仍应一个一个地分别写出来。

3.2.6 实例分析

以下以锆英石(ZrSiO$_4$)的晶体为例说明怎样进行晶体定向和确定晶面符号。

①首先找出锆英石晶体的全部对称要素，确定其对称型为L^44L^25PC属于四方晶系。

②通过聚形分析，锆英石晶体为P-四方双锥和m-四方柱的聚形(图3-7)。

③查附表1，可知四方晶系的晶体定向是以L^4为Z轴，两个L^2分别为X、Y轴，并使三轴正交。

④晶体上仅有一组晶面(P-四方双锥)与三轴均相交，并在X、Y轴上的截距相等，按"上、前、右"准则选定该组晶面的代表面P_1，其晶面符号为(111)，如晶面交晶轴为负端，则在晶面指数上标以负号，例如上、左侧晶面交Y轴于负端，晶面符号为($1\bar{1}1$)，同法，四方双锥的所有晶面都得到其晶面符号。

⑤四方柱的晶面符号，因和Z轴和Y轴(或X轴)两轴平行，故指数为零。如前面晶面m_1的晶面符号为(100)。

⑥四方双锥和四方柱单形的符号均按"上、前、右"的原则,分别选取其中之一的晶面符号,将该晶面符号去掉( ),以{ }括之即为单形符号,则得:四方双锥{111}和四方柱{100}。

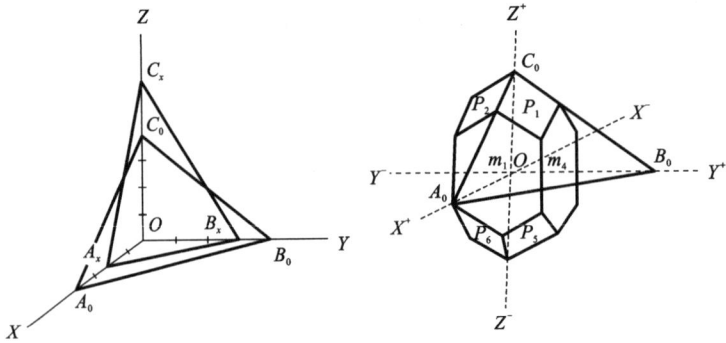

图3-7 锆英石晶体由 *P* - 四方双锥{111}和 *m* - 四方柱{100}组成的聚形

第二篇

矿物学

第 4 章

矿物的形态

矿物的形态是矿物最重要的外部特征，是其化学组成和内部结构的外在表现。它包括矿物的单晶体、矿物的规则连生体及同种矿物集合体的外貌特征。这些外貌特征隐含了大量的成因信息，是鉴定矿物、推测矿物形成时的物理化学条件的重要依据，也是寻找矿物资源的重要依据。

4.1　要点概况

1.矿物的单体形态

矿物的单体形态也称为晶体习性，即矿物单晶体的外观形状。对于单形发育较好的晶体，晶体习性可以用其中的优势单形来描述，如萤石的八面体习性；大多数情况下用晶体在三维空间延伸的比例及形态的几何形状来描述。矿物单体的延伸情况有三种类型：三向等长（单体在三维空间的发育程度基本相同，呈粒状或等轴状）；二向延展（单体在三维空间中有两个方向特别发育，另一方向发育较差，呈板状、片状等）；一向延长（单体在三维空间只有一个方向特别发育，呈柱状、针状等）。

根据矿物外形发育的完好程度不同，晶体习性可以简单地描述为粒状习性、片状习性、柱状习性等，也可以配合一些可以识别的外观几何形状，进一步描述为带双锥的柱状习性、双锥形粒状习性等。另外，按晶体外表晶面的发育完好程度可分为自形、半自形、它形三种类型。

2.矿物的集合体形态

矿物集合体形态取决于单体形态及其集合方式。根据集合体中矿物颗粒大小可分为以下三种：肉眼可以辨认单体的为显晶集合体；显微镜下才能辨认单体的为隐晶集合体；在显微镜下也不能辨认的单体为胶态集合体。其中显晶集合体形态按单体结晶习性和集合方式的不同可分为粒状、片状、板状、针状、柱状、棒状、放射状、纤维状、晶簇状等集合体。隐晶和胶态集合体中的主要形态有结核体、鲕状及豆状集合体、分泌体、钟乳状集合体、粉末状集合体、土状集合体等。

4.2 目的要求

①通过同种晶体的理想形态与实际晶体对比，认识它们在几何形态上的异同及晶面花纹。

②熟悉了解常见矿物的各种实际形态特征，能用正确的术语来描述矿物的单体和集合体形态，并了解形态在矿物鉴定及成因上的意义。

4.3 实验内容

4.3.1 识别晶面花纹

观察对比理想形态晶体（木模型）与相应的实际晶体，认识晶面花纹，并完成表4-1中内容。

表4-1 晶面花纹的识别结果

矿物名称	晶系	主要单形	晶面花纹
石榴子石	等轴		聚形纹
黄铁矿			
石英	三方		柱面的聚形纹、生长锥
电气石			
重晶石	斜方		蚀象
石膏			
方解石	三方		聚片双晶纹

注意：晶面花纹对某些矿物具有重要的鉴定意义，它可以分为原生的晶面花纹（晶体生长过程中形成），如聚形纹、生长锥；次生的晶面花纹（晶体形成后溶蚀形成），如蚀象。

4.3.2 形态观察

1. 单体形态

认识常见矿物的常见晶体习性。晶体习性是晶体的成分、结构、生长环境的物理化学条件（包括温度、压力、组分浓度及介质的 pH 和 Eh 等）及空间条件的综合体现。

（1）单体习性。

一向延长型：柱状（石英、绿柱石）、长柱状（辉锑矿）、针状（电气石）、纤维状（石膏、石棉）；

二向延展型：板状（石膏、重晶石、黑钨矿）、片状（云母、镜铁矿）、鳞片状（石墨）；

三向等长型：粒状(橄榄石、石榴子石、黄铁矿、方铅矿、萤石、石盐)。

(2)晶面条纹。

晶面条纹又称为生长条纹或聚形纹。如石英、电气石、黄铁矿中常见晶面条纹。

(3)双晶条纹。

双晶条纹是双晶结合面的痕迹，其形态取决于双晶面的形态。如方解石、斜长石中常见双晶条纹。

晶体形态较完好时，晶体大部分被晶面所包围。这种单体需要分析并描述它的对称、晶系、单形名称及单形符号，观察描述晶面花纹：聚形纹(需要指出由什么单形相聚而成的纹)、生长纹、生长锥、蚀象、双晶纹等。

2. 双晶

双晶是矿物的规则连生体，也是矿物形态的重要特征之一。如接触双晶 - 石膏(燕尾双晶)；聚片双晶 - 斜长石；穿插双晶 - 十字石等。

3. 集合体形态

认识矿物集合体形态的类型及区分标志。

(1)显晶集合体。

①粗、中、细粒状集合体，如方解石(大理岩)、橄榄石等。

②板状、片状、鳞片状集合体，如锂云母、石膏、叶钠长石等。

③柱状、针状、纤维状集合体，如石英、辉铋矿、石膏等。

④束状集合体，如阳起石、红柱石等(放射状集合体)、自然铜、软锰矿(树枝状集合体)等。

⑤晶簇，如石英晶簇、辉锑矿晶簇、方解石晶簇、萤石晶簇等。

⑥致密块状，如黄铜矿。

(2)隐晶质及胶态集合体。

①结核体，如黄铁矿结核、方解石(钙质结核)等(结核状)、方解石(鲕状灰岩)、赤铁矿(鲕状)、赤铁矿(豆状、肾状)。

②分泌体，如玛瑙等(晶腺)、安山岩气孔中的沸石、石英、方解石(杏仁状体)。

③钟乳状体，如钟乳石。

④葡萄状，如硬锰矿、孔雀石、菱锌矿等。

⑤土状，如高岭石。

⑥被膜状，如孔雀石、蓝铜矿等。

⑦致密块状(如蛇纹石)、皮壳状等。

4.3.3　形态描述

1. 对照矿物标本及标签上的形态术语

根据标签提示的内容反复观察和记录，认识并熟悉上述各种常见的形态特征，如石榴子石(单体)、红柱石(集合体)等。

2.用适当的形态术语来描述其特征

描述时，首先要弄清该矿物是单体还是集合体。

①若为单体，应尽可能详细地描述晶体习性、形态、颗粒大小、横切面形状、晶面上的条纹、所属晶系等，如可以识别单形时要加上优势单形的名称来描述。

②若为集合体，首先要确定集合体中的矿物是显晶的还是隐晶的或胶态的，然后按各自的特点描述其集合体形态。显晶集合体要从单体习性着手，注意同种矿物单体，在不同方位的断面可呈现不同的几何形态，因此必须多观察、分析、统计后才能确定单体的形态，进而观察其集合方式。对于肉眼不能分辨个体的隐晶及胶态集合体，注意区分其集合体类型。

第 5 章

矿物的物理性质

矿物的物理性质取决于矿物本身的化学成分和内部构造。不同的矿物具有不同的物理性质，借助矿物的物理性质的差异可以识别矿物、利用矿物和寻找矿物资源。因此，掌握并研究矿物的各种物理性质对从不同层次上认识和从不同领域中利用矿物都是十分重要的。

矿物的物理性质涉及许多方面，本章仅对矿物基本的光学和力学性质及其他较重要的物理性质等方面进行阐述。

5.1　要点概况

1. 矿物的光学性质

(1) 矿物的颜色：是矿物对可见光选择性吸收的结果，分为自色、他色和假色。

(2) 条痕：是矿物粉末的颜色。

(3) 光泽：指矿物表面反光的能力，分为金属光泽、半金属光泽、金刚光泽、玻璃光泽四级。此外还有珍珠光泽、丝绢光泽、蜡状光泽、油脂光泽、树脂(松脂)光泽、土状光泽、沥青光泽等特殊光泽。

(4) 透明度：是指矿物可以透过可见光的程度，分为透明、半透明、不透明三级。

(5) 发光性：是指矿物受外加能量激发，能发出可见光的性质。

2. 矿物的力学性质

(1) 矿物的解理：是指矿物晶体或晶粒受外力作用(如敲打)后，沿一定方向破裂成一系列相互平行且平坦光滑平面的能力，矿物的解理分为极完全、完全、中等(清晰)、不完全和极不完全解理五级。

(2) 断口：是指矿物在外力打击下不以一定结晶方向发生断裂而形成的凹凸不平的断开面。根据断开面的形状命名，常见的有贝壳状、锯齿状、平坦状、参差状断口等。

(3) 矿物的硬度：是指矿物抵抗外力机械作用的强度。摩氏硬度是一种刻划硬度，它以十种不同硬度的矿物作为标准。

(4) 相对密度：是指单矿物质量与4℃时同体积水质量之比。通常手标本鉴定把矿物按相对密度分轻、中等和重矿物三级。

(5)矿物的弹性、挠性、脆性和延展性:是指矿物受外力作用所表现的变形、延展及破裂等性质。在某些矿物的肉眼鉴定上有辅助作用,如云母的弹性、辉钼矿、绿泥石的挠性、自然金的延展性等。

(6)磁性:是指矿物可被磁场所吸引,甚至本身能吸引铁屑的性质。通常用普通磁铁测试,能被磁铁吸引者称为磁性矿物,如磁铁矿。

(7)矿物的热膨胀性、可塑性、吸水性、易燃性、味感和触感。

除了上述物理性质可作为鉴定矿物的特征外,还常用一些简单的化学方法来鉴定矿物的成分,如用冷稀盐酸来测试方解石,可化学反应并释放出 CO_2,产生许多小气泡。

5.2 实验要求

(1)加深对矿物主要物理性质(颜色、光泽、条痕、透明度、解理、裂理、断口、硬度、相对密度、硬度、磁性、韧性)概念的理解。

(2)学会应用专门的术语来描述矿物的这些性质。

(3)掌握主要物理性质的观察方法和技巧。

(4)系统掌握矿物有鉴定意义的物理化学性质,学习并掌握矿物的肉眼鉴定方法。

5.3 内容与方法

5.3.1 矿物的光学性质

1.矿物的颜色

(1)自色。

自色是矿物自身固有的颜色,自色比较固定,对鉴定矿物有重要意义。如:

孔雀石——绿色;　　　　辰砂——鲜红色;　　　　黄铜矿——铜黄色;

毒砂——锡白色;　　　　雌黄——柠檬黄色;　　　　蓝铜矿——蓝色;

磁铁矿——铁黑色;　　　　方铅矿——铅灰色。

(2)他色。

他色是浅色矿物含有杂质成分或内部结构变异而引起的颜色。如:石英有烟水晶、紫水晶、绿色水晶、蔷薇石英、墨晶、乳白色石英;方解石有深灰色、乳白色、肉红色、浅蓝色。

(3)假色。

假色是由于矿物内部或表面光折反射作用产生的颜色,与矿物的成分无关。如:锖色——金属矿物表面氧化膜对光的干涉而形成的斑杂状的蓝、紫色,如斑铜矿、黄铜矿、黄铁矿。晕色——在透明矿物的解理面上光的折射干涉而形成的彩色环带,如云母、重晶石、方解石。变彩——不均匀色彩随方向而改变,如钙钠长石、贵蛋白石。

在描述矿物颜色时,为了便于比较和统一,常以标准色谱:红、橙、黄、绿、青、蓝、紫及白、灰、黑等色来说明矿物的颜色。当矿物颜色与标准色谱有差异时,可加上适当的形容词,如淡绿、暗红、灰白色等。另外，也可依最常见的实物来类比描述矿物的颜色，如砖红色、草绿色等。此外，有些矿物的颜色是介于两种标准色谱之间，常用二色法来描述，如黄绿色，即矿物以绿色为主稍带黄色。

下列矿物的颜色可作为矿物颜色命名时的比较标准，必须熟记：

紫色——紫水晶；	绿色——孔雀石；	鲜红色——辰砂；
锡白色——毒砂；	钢灰色——辉锑矿；	铜黄色——黄铜矿；
蓝色——蓝铜矿；	黄色——雌黄；	褐色——多孔褐铁矿；
铅灰色——方铅矿；	铁黑色——磁铁矿；	金黄色——自然金

注意事项：在观察矿物颜色时，要区分新鲜面与风化面的颜色，应着重观察和描述新鲜面上的颜色；在描述矿物颜色时，要区分金属色和非金属色，从而正确类比；反复对比，对不同色调做准确描述。

2. 矿物的条痕

条痕是矿物粉末的颜色。观察矿物在条痕板上划过时留下的粉末痕迹的颜色。

如：磁铁矿——黑色；赤铁矿——樱桃红色；黄铜矿——黑绿色；褐铁矿——褐黄色

实验方法：

①选定需测试矿物然后在瓷板上小心刻划，不要随手乱划，否则划出的条痕并非实验的某一矿物条痕，而是与其共生的另一矿物的条痕。若颗粒细小时，亦可用小刀刮矿物粉末置于白纸上，观察其颜色。

②在瓷板上刻划的条痕长度为 1 cm 左右即可，不要一次划三四条，而且很长。

③硬度大于 6 的矿物，因其硬度比瓷板硬，一般来说，不显条痕，不必做条痕实验。

④无色、白色等矿物，其条痕色均为白色，无意义，不做条痕测试。

条痕色可以与矿物颜色一致，也可不一致。由于条痕色消除了假色的干扰，减弱了他色的影响，突出了自色，因而它比矿物颜色更稳定，更具有鉴定意义。

3. 光泽

光泽是指矿物表面反射光波的能力，按反射光的强弱可分为四级：

①金属光泽：矿物反射光能力强似金属光面(或犹如电镀的金属表面)那样光亮耀眼，如自然金、方铅矿、黄铁矿等。

②半金属光泽：矿物反射光能力较弱，似未经磨光的铁器表面，如磁铁矿。

③金刚光泽：矿物反射光能力弱，比金属和半金属光泽弱，但强于玻璃光泽，如金刚石、锡石等。

④玻璃光泽：矿物反射光能力很弱，如玻璃表面的光泽，如石英(晶体表面上的光泽)、长石等。

金刚光泽和玻璃光泽称为非金属光泽。由于反射光受到矿物颜色、表面平坦程度及矿物集合方式等因素的影响，常出现如下一些特殊光泽。

油脂光泽：反射光在透明、半透明矿物不平坦断面上散射成油脂状光亮，如石英断面。

树脂光泽：在不平坦断面上呈现如松香等树脂般的光泽，如浅色闪锌矿。

丝绢光泽：纤维状集合体表面所呈现的丝绸状反光，如纤维石膏。

珍珠光泽：矿物平坦断面上呈现的似贝壳内壁一样柔和多彩的光泽，如白云母。

土状光泽：粉末状或土块状集合体的矿物表面暗淡无光，类似土块那样的光泽，如高岭石。

观察光泽时，要转动标本，注意观察反光，最强的矿物的小平面（即晶面或解理面），不要求整个标本同时反光都强；特殊光泽本身不能代表某一光泽级别，不是每一种矿物必须具备的。它是由于某些表面不平或带有细小裂隙或因矿物集合方式等因素造成的。如矿物呈纤维状集合体，可具有丝绢光泽；矿物名称带有"辉"字的通常具有金属光泽，且多为硫化物。

4. 透明度

透明度是指厚度为 0.03 mm 的透光程度，一般金属矿物是不透明的，非金属矿物是透明的，但有例外。

如：水晶——透明；浅色闪锌矿薄片——半透明；磁铁矿、石墨——不透明。

5. 发光性

用紫外灯或紫外分析仪观察白钨矿的天蓝色荧光。

5.3.2 矿物的力学及其他性质

1. 解理

解理是晶体受外力后，严格沿着一定的结晶方向破裂成一系列光滑平面的性质。这些光滑的平面称为解理面。解理是矿物晶体最稳定的性质之一，为鉴定矿物的重要特征。

（1）区分晶面与解理面。

观察解理首先要会识别晶面和解理面，初学者往往将晶面误认为解理面。晶面和解理面的区别如表 5-1 所示。

表 5-1　晶面和解理面的区别

晶面	解理面
晶体最外面的一层平面，受外力后被破坏	内部薄弱面，晶体受力后呈层层剥开状（阶梯状）的光滑平面
晶面一般比较黯淡无光	表面比较光亮，
可具有聚形纹、蚀象、生长锥等晶面花纹	可具有聚片双晶纹及解理纹
常具有层凹凸不平的痕迹	解理面比较平整

（2）解理的等级。

解理一般划分为下列五个等级：

①极完全解理：矿物沿解理方向可以撕成薄片。如云母、辉钼矿。

②完全解理：沿解理方向易裂成平面，具层层的阶梯状，两组以上解理常裂开成解理块。如方解石、方铅矿。

③中等解理：解理面小而不连续、光滑，虽可见解理面但不易见到层层剥开的阶梯状。

如长石、角闪石。

④不完全解理：解理面难见(面小)，断口发育。肉眼难见到，一般作无解理处理。如磷灰石。

⑤极不完全解理：一般认为无解理，只见断口。如石英。

(3)解理方向。

解理方向即解理面在空间的取向，它可以用单形符号来描述。例如等轴晶系方铅矿有{100}解理，表明它的解理面平行于{100}(立方体)这个单形的晶面。等轴晶系的闪锌矿具有{110}解理，它的解理面平行于{110}(菱形十二面体)这个单形的晶面。如：一向解理——云母、石墨；二向解理——长石；三向解理——方解石、石盐、方铅矿；四向解理——萤石；多向解理——闪锌矿。

(4)解理观察。

如果矿物标本是集合体，而该矿物又有新鲜面时，则表现在每一矿物颗粒上都有解理面。因此在标本上就显出许多反光平面，看起来闪闪发光，千万不要以为该矿物集合体的表面不平就认为没有解理。

在晶体上有一对平行的解理面就称为一向解理，有两对平行的解理就称为二向解理，依此类推。

要确定解理的方向有多少，首先要根据该矿物的对称型来分析。

2. 断口

主要根据断口形状进行观察描述，大致可分成贝壳状、锯齿状和参差状等。

在同一个结晶方向上，解理与断口互为消长关系，即解理发育者，断口不发育，反之，不显解理者，断口发育。

3. 硬度

(1)测试时的比较标准。

摩氏硬度计(十级)如表 5－2 所示。

表5－2　摩氏硬度计

矿物	硬度等级	绝对硬度/$(kg \cdot mm^{-2})$	矿物	硬度等级	绝对硬度/$(kg \cdot mm^{-2})$
滑石	1	2.4	正长石	6	759
石膏	2	36	石英	7	1120
方解石	3	109	黄玉	8	1427
萤石	4	189	刚玉	9	2060
磷灰石	5	536	金刚石	10	10060

刻划工具除摩氏硬度计外，实践中一般常用的是指甲(2.5)、小刀(5.5)。可以粗略地将硬度分为三级：小于指甲(<2.5)、指甲与小刀之间(2.5~5.5)及大于小刀(>5.5)。

（2）硬度测定方法。

①将要测定的矿物与标准矿物进行相互刻划，以比较硬度。

②测定硬度一定要在矿物单体的新鲜面上进行，否则不能得到正确的硬度。

③多孔状粉末集合体的硬度是虚假的，要测定它的硬度，应将粉末放在标准硬度的矿物上或物品上摩擦，看其是否留下伤痕来决定。在测定鳞片状以及纤维状矿物的硬度时，也用时样的方法。

④刻划时，不宜用力过猛，否则不能得到正确的结果。

4. 相对密度

矿物的相对密度分成三个等级：轻级小于2.5（如石墨），中等为2.5~4（如方解石），重级大于4（如方铅矿、重晶石）。通常用手掂量标准矿物相比较而确定。

用手掂量矿物的相对密度时，要求矿物碎块大小相近及样品较纯。

5. 磁性

通常用马蹄形磁铁测试矿物的磁性或用磁性小刀（用普通小刀在磁铁上摩擦即可磁化），将矿物的磁性分为三级：

①强磁性：较大的颗粒可以被马蹄形磁铁吸引，或本身即可吸引铁屑。如磁铁矿。

②弱磁性：较大的颗粒不能被马蹄形磁铁吸引，但其粉末能被吸引。如磁黄铁矿。

③无磁性：矿物粉末不能被马蹄形磁铁吸引。

6. 一些矿物的其他物理性质

这是一些特殊的物理性质，对鉴定某些矿物具有独特的作用。

①弹性：指矿物受外力作用（在弹性极限内）能发生弯曲形变，当外力取消后仍能恢复原状的性质。如云母。

②挠性：指矿物受外力作用能发生弯曲变形，但外力取消后不能恢复原状的性质。如绿泥石和辉钼矿。

③脆性：指矿物受外力作用后易裂成碎块或粉末的性质。如方铅矿。

④延展性：在锤击或拉引下，容易形成薄片或细丝的性质。如自然锡。

此外，如自然硫的脆性和易燃性、蛭石的热膨胀性、石膏的可塑性、光卤石和石盐的吸水性、石盐、明矾等的味觉、滑石、辉钼矿的滑感、石墨、辉钼矿的污手感、硅藻土的粗糙感等都是具有鉴定意义的独特性质。

🔵 5.4 观察注意事项

（1）观察矿物颜色时，应着重观察和描述新鲜面上而不是风化面上的颜色；要区分金属色与非金属色；反复对比，对不同色调做准确描述。特殊光学效应，如锖色、晕色、变彩的观察应注意：锖色须在矿物氧化面上观察；晕色则是矿物内部密集的解理或裂隙导致的；变彩观察须转动矿物到适当角度才能看到。

（2）熟悉具有标准等级的矿物光泽，通过反复对比，掌握不同级别光泽的特征，可以结合条痕色判断矿物光泽级别。

（3）透明度应在厚度约为 1 cm，且具平整表面的矿物单体上观察。透明矿物则是指其 0.03 mm 厚的薄片能够透光的矿物。大多数透明矿物的手标本都是不透明的。

（4）测定硬度时应选用纯净、致密和新鲜的矿物标本。此外，当以硬度较小而脆性显著的矿物去刻划硬度较大的矿物时，如用力过大，前者可被磨碎而在后者表面上留下一条粉末痕迹，此时不要误以为前者被后者所刻伤。

（5）解理和断口都应在较大的单晶粒上观察。

5.5　矿物的肉眼鉴定方法

矿物的肉眼鉴定是地质工作者所必须具备的基本能力，也是深入研究矿物的第一步。肉眼鉴定时对矿物的形态、物性准确地全面观察与描述是非常重要的。在对矿物进行描述之后，查阅有关矿物鉴定表（鉴定矿物的工具书），就可确定被鉴定的矿物种。

在日常工作中，最常用最简单而且具有一定精度的矿物鉴定方法就是肉眼鉴定方法。有经验的岩矿工作者往往只要根据矿物的几个鉴定特征就能正确地把一些常见的矿物识别出来。这种依据矿物的鉴定特征，主要凭人的肉眼观察，或借助一些简单的工具如放大镜、小刀、磁铁、条痕板和常用的化学试剂来鉴定矿物的方法，称为矿物的肉眼鉴定方法。

1. 矿物肉眼鉴定方法的内容与步骤

（1）矿物的形态，包括单体形态和集合体形态。
（2）矿物的颜色与条痕色、光泽与透明度。
（3）矿物的解理与断口、硬度与相对密度。
（4）矿物的磁性与其他特殊性质。
（5）矿物与常用化学试剂的反应。

2. 鉴定注意事项

（1）上述鉴定内容中，单体形态、光泽、硬度、解理与断口等性质是指矿物单个晶体的特征，因此必须尽量在矿物的单体上来观察；在集合体上，如光泽、硬度、断口等性质可能与它们在单体上的表现不同，但集合体上的这些特征有时也可以成为很好的鉴定特征。

（2）鉴定矿物应以矿物的新鲜面上的特征为准。

（3）鉴定时要抓住矿物的主要鉴定特征，突出矿物的典型特征。因此，要熟记矿物的主要鉴定特征。

（4）多看多记多实践，积累经验。矿物肉眼鉴定的记录格式如表 5 - 3 所示。

表 5 - 3　矿物的肉眼鉴定记录格式

矿物名称	所属类别	化学式	晶系	形态		颜色	条痕色	光泽	透明度	解理与断口	硬度	相对密度	其他性质	鉴定特征
				单体	集合体									

第6章

自然元素矿物和硫化物矿物

在自然界构成自然元素矿物大类的元素约为30余种，已发现本大类矿物逾50种，多数为自然金属元素及其混晶，同质多象变体也常见，约占地壳总质量的0.1%。本大类矿物数量虽然不多，但经济意义很大，如自然金、金刚石等。此外，本大类中有些矿物（如金刚石、石墨等）是重要的宇宙矿物和地幔矿物，在地球深部和天体物质研究中具有重要意义。

硫化物及其类似化合物矿物大类已发现的矿物种达370种左右，约占地壳总质量的0.15%，其中硫化物占2/3以上。该大类矿物常形成具有工业意义的有色金属矿床，是有色金属（铜、铅、锌、锑、汞、镍、钴等）的主要来源。

6.1　自然元素矿物大类

自然元素矿物大类分为自然金属元素矿物、自然半金属元素矿物和自然非金属元素矿物三类。

1. 自然金属元素矿物

自然金属元素矿物包括铂族元素（Ru, Rh, Pd, Os, Ir, Pt）及部分铜族元素（Cu, Ag, Au）构成的单质矿物及一些金属互化物矿物。晶体化学特点：（近）等大质点做立方或六方最紧密排列，等轴或六方晶系结晶。物理性质：金属色，强金属光泽，不透明，通常无好的晶形，解理不发育，硬度小，有延展性，相对密度大，是热和电的良好导体。

2. 自然半金属元素矿物

自然半金属元素矿物主要是As、Sb、Bi三个元素的单质矿物。晶体均属三方晶系。完好晶形少见，一般成粒状、片状。新鲜面呈锡白或银白色，金属光泽，氧化后则暗淡无光，有{0001}完全解理。

3. 自然非金属元素矿物

自然非金属元素矿物包括自然硫族、金刚石族、石墨族。组成固体非金属元素矿物的有S、Se、Te、C等元素，以硫和碳为主要。自然非金属元素的键性视不同矿物而异，其中金刚石具典型共价键，结构类型为金刚石型；自然硫具分子键，呈分子结构型；石墨具层状结构，层内为共价键—金属键，层间为分子键。这些矿物由于彼此间的结构类型和键性差异极大，因而物理性质很不相同。

本大类矿物主要形成于内生成矿作用，但是各种矿物的具体产出特点却很不相同。例如铂族元素和金刚石，均产在超基性岩石中；自然金、银、铋等常见于各类热液矿床；石墨多产于岩浆矿床、接触变质矿床。

6.2 硫化物及其类似化合物矿物大类

1. 化学组成

硫化物及其类似化合物包括一系列金属元素与硫、硒、碲、砷等相化合的化合物，因此除硫化物外，还有硒化物、砷化物、碲化物。还包含少数锑化物和铋化物。阴离子主要是 S^{2-}，有少量 Se^{2-}、Te^{2-}、As^{2-}、Sb^{2-}、Bi^{2-} 等。阳离子主要是 Cu^{2+}、Pb^{2+}、Zn^{2+}、Ag^{2+}、Hg^{2+}、Fe^{2+}、Co^{2+}、Ni^{2+} 等。

该大类矿物类质同象替代极广泛，矿物成分复杂，Ga、Ge、In、Re 等稀有分散元素呈类质同象混入物存在，具重要经济价值。

2. 晶体化学特点

硫化物的晶体结构常可看作硫离子做最紧密堆积，阳离子位于四面体或八面体空隙，因此，金属阳离子的配位多面体很多是八面体和四面体或由此畸变的多面体，少数为三角形、柱状或其他的多面体形态。从堆积特点看，硫化物应属于离子化合物，但它又具有一系列不同于标准离子晶格的特点。硫化物的化学键体现着离子键向共价键的过渡，以共价键为主，并带有金属键的成分。

3. 形态及物理性质

简单硫化物由于组分简单，一般对称程度较高，多为等轴或六方晶系，少数为斜方、单斜晶系。组分复杂的硫盐对称程度较低，主要是单斜和斜方晶系。大多数硫化物晶形较好，特别是复(对)硫化物完好晶形更为常见，如黄铁矿、毒砂；硫盐主要呈粒状或块状集合体出现。大多数硫化物具有金属色、金属光泽、低透明度和强反射率，如方铅矿、黄铜矿、黄铁矿。少数呈非金属色，如闪锌矿、辰砂、雄黄、雌黄等。部分硫化物具有完好的解理，一般简单硫化物的解理较复硫化物发育。简单硫化物和硫盐硬度小，一般 2～4；具有层状结构的辉钼矿、铜蓝、雌黄等硬度较小，而复硫化物由于阴离子为对硫 $[S_2]^{2-}$、对砷 $[As_2]^{2-}$ 或砷硫对 $[AsS]^{2-}$，使硬度增大。可达 5～6.5。硫化物相对密度较大，一般在 4 以上，这是由于组成硫化物的多数金属元素具有较大的原子量。

4. 成因产状

硫化物绝大部分属于中低温热液矿床和接触交代矿床产物，少数属于岩浆成矿作用和外生风化作用产物。铜、铅锌、铁、钴、镍等硫化物常紧密共生，这是本大类矿物在产状上的最大特点。其次由于硫化物易于氧化分解，原生金属硫化物氧化后在地表常形成一些铁帽，形成次生的金属氧化物、硫酸盐及碳酸盐等，同时在氧化带的下部易形成次生金属硫化物的富集带。

6.3　实验要求

（1）熟练运用矿物的肉眼鉴定方法，夯实矿物鉴定的基本功。

（2）熟悉自然元素矿物的化学组成、形态、物理性质及成因产状特征，明确自然元素矿物的鉴定主要依靠形态、颜色、光泽、硬度、延展性、相对密度等。掌握主要自然元素矿物的鉴定特征。

（3）熟悉硫化物及其类似化合物矿物的化学组成、形态、物理性质及成因产状特征，认识该大类矿物的鉴定主要依靠颜色、条痕、光泽、解理、硬度、相对密度及某些矿物的晶形，了解一些有效的简易化学试验。掌握该大类主要矿物的鉴定特征。

（4）鉴定 27 种矿物，其中重点矿物 20 种。

6.4　实验内容

1.观察自然元素矿物

对每种矿物实物标本，须参考教科书的描述对比进行肉眼鉴定。观察描述下列自然元素矿物，重点掌握其外观鉴定特征。有些自然金属元素矿物、半金属元素矿物由于受氧化而呈现不同颜色，注意以其新鲜面颜色及条痕来鉴定。主要包括自然金、金刚石等 8 种，其中重点矿物为自然金、自然铜、自然硫、金刚石、石墨 5 种。

（1）自然金 Au。

等轴晶系；六八面体晶类，$3L^4 4L^3 6L^2 9PC$（m3m）。

①含金石英脉：金呈金黄色的薄膜或薄片分散于石英脉中。强金属光泽。相对密度大。延展性极好。

②砂金：不规则片状、粒状。金黄色或浅金黄色（含银高所致）。与各种重砂矿物伴生。

（2）自然银 Ag。

等轴晶系；六八面体晶类，$3L^4 4L^3 6L^2 9PC$（m3m）。

单晶体少见，集合体呈树枝状、不规则片状、粒状或块状，银白色。金属光泽。硬度2.5，具有延展性。无解理，相对密度大。自然银是电和热的良导体。

主要形成于中、低温热液作用，也可产于含银硫化物矿床的次生富集带。

（3）自然铜 Cu。

等轴晶系；六八面体晶类，$3L^4 4L^3 6L^2 9PC$（m3m）。

①树枝状自然铜：呈树枝状、片状，风化表面棕黑色，新鲜面铜红色。条痕亮铜红色。金属光泽。延展性强。相对密度大。经常和孔雀石（翠绿色者）、赤铜矿（红色）相伴生。

②含铜砂岩：自然铜呈星点状分布于砂岩中。自然铜的表面氧化成黑色，新鲜面则为铜红色。自然铜与孔雀石、赤铜矿相伴生。

自然铜形成于还原条件下，如在含铜硫化矿床氧化带下部可见。

（4）自然铂 Pt。

等轴晶系；六八面体晶类，$3L^44L^36L^29PC$（m3m）。

变种：粗铂矿（Pt, Fe）

细粒状：偶见立方体晶形。锡白色，金属光泽。无解理，具延展性。

主要产于基性—超基性岩类岩浆矿床和砂矿中。

（5）自然铋 Bi。

三方晶系；复三方偏三角面体晶类，L^33L^23PC（$\bar{3}$m）。

晶体极少见，常呈粒状或致密块体。风化表面成浅棕红的锖色，新鲜面为微红的银白色，强金属光泽。解理$\{0001\}$完全。相对密度大。硬度小（2～2.5）。

主要产于热液矿床，较常见于钨锡矿床中。

（6）自然硫 S。

斜方晶系；斜方双锥晶类，$3L^23PC$（mmm）。

呈粉末状、粒状、致密块状。硫黄色、线黄色，含有机质者成灰色、黑色。油脂光泽。性脆。硬度小。有硫磺臭味。易燃，火焰呈蓝紫色。

形成于火山喷气作用，由硫化物氧化分解而成以及沉积而成。

（7）金刚石 C。

等轴晶系；六八面体晶类，$3L^44L^36L^29PC$（m3m）；或六四面体晶类，$3L_i^44L^36P$（$\bar{4}$3m）。

常见呈浑圆状的八面体晶形。无色、浅黄色。典型的金刚光泽。硬度10。

产于角砾云母橄榄岩（又名金伯利岩）中。在砂矿床中也可见到。

（8）石墨 C。

六方晶系；复六方双锥晶类，L^66L^27PC（6/mmm）。

①鳞片状石墨：呈细小鳞片状。钢灰色，亮黑色条痕。金属光泽。$\{0001\}$极完全解理，薄片具挠性。硬度小于指甲，能污手，有滑感。摩擦条痕亦呈黑色。

②片麻岩中的石墨：鳞片状，在岩石中形成黑色条带。小片具挠性，能污手。标本中白色矿物为石英、长石及绢云母、黑云母（黑色，有弹性，不污手）。

③块状石墨（石墨岩）：致密块状。黑色能污手。见不到解理。为煤系地层经变质而成（注意石墨与煤的区别）。

2.观察硫化物及其类似化合物矿物

观察描述下列硫化物及其类似化合物矿物，重点掌握其肉眼鉴定特征。了解一些简易化学试验，同时本大类矿物常形成具有工业意义的有色金属和稀有分散元素矿床，因此，对化学组成中的类质同象成分也要有一定的了解。主要包括方铅矿、闪锌矿等19种，其中重点矿物有辉铜矿、方铅矿、闪锌矿、辰砂、黄铜矿、斑铜矿、磁黄铁矿、辉锑矿、辉铋矿、雌黄、雄黄、辉钼矿、黄铁矿、毒砂、黝铜矿15种。

（1）辉铜矿 Cu_2S。

斜方晶系；斜方双锥晶类，$3L^23PC$（mmm）。

①块状辉铜矿：致密块状。风化面黑色，新鲜面铅灰色。无解理。硬度小（2～3）。相对密度大（5.5～5.8）。略具延展性（小刀刻之，留下光亮痕迹）。伴生矿物：孔雀石。

②烟灰状辉铜矿：呈烟灰状的黑色粉末状。微带蓝色。共生矿物：黄铁矿（闪亮小颗粒）、自然硫（黄色）、石英（白色，坚硬）及次生矾类矿物。

产于硫化物矿床次生富集带。

简易化学试验：Cu 的焰色反应——加一滴盐酸于辉铜矿小碎块上，放在氧化焰中烧，出现蓝绿色火焰，如不加盐酸则火焰呈绿色。

(2)方铅矿 PbS。

等轴晶系；六八面体晶类，$3L^4 4L^3 6L^2 9PC(m3m)$。

粒状（粗粒、中粒、细粒）集合体。铅灰色，条痕黑色，金属光泽。解理{100}完全（立方体解理、三组、夹角90°）。硬度小（2~3），相对密度大（7.4~7.6）。共生矿物：闪锌矿，黄铁矿。

简易化学试验：试 Pb^{2+}——少量方铅矿粉末，加 KI 和 $KHSO_4$ 研磨之后加一滴 H_2O，呈黄色沉淀（PbI_2）。

(3)硫锰矿 MnS。

等轴晶系；六八面体晶类，$3L^4 4L^3 6L^2 9PC(m3m)$。

致密块状。钢灰至铁黑色，风化面呈褐色，条痕暗绿色，半金属光泽。硬度小（2.5~4）。性脆。加 H_2O_2 起泡，加 HCl 放出 H_2S，有臭味。

多产于富锰热液矿床中，常与闪锌矿、方铅矿、黄铁矿、菱锰矿等共生。

(4)闪锌矿 ZnS。

等轴晶系；六四面体晶类，$3L_i^4 4L^3 6P(\overline{4}3m)$。

粒状集合体。颜色为黄色、褐色、黑色。条痕浅黄白色至浅褐色（条痕色总是比颜色浅）。金刚—半金属光泽。解理{110}完全（要求能观察到3~4组解理）。硬度小（3.5~4）。常与方铅矿、黄铁矿共生。

常见于各种高、中温热液矿床和接触交代矿床中，一般富含镉 Cd、铟 In、镓 Ga、铊 Tl 等分散元素。

(5)硫镉矿 CdS。

晶体极少见，粉末状或被膜状附于闪锌矿表面（与闪锌矿伴生）。鲜黄色（柠檬黄色），橙黄色。

主要是含镉闪锌矿的次生风化产物，常与闪锌矿伴生产于铅锌矿床氧化带中。

(6)辰砂 HgS。

三方晶系；三方偏方面体晶类，$L^3 3L^2(32)$。

一般呈分散粒状，有时可见柱状，板状或菱面体晶形及矛头状穿插双晶。鲜红色（有时带铅灰色锖色）。条痕色与颜色相同。金刚光泽。解理{1010}完全。硬度小（2~2.5）。相对密度大（8~8.2）。辰砂在硬币（铝板）上划条痕后，用放大镜观察，见白色毛状物。

为低温热液作用的标型矿物。

(7)黄铜矿 $CuFeS_2$。

四方晶系；四方偏三角面体晶类，$L_i^4 2L^2 2P(\overline{4}2m)$。

致密块状，晶体罕见。铜黄色，表面常见有蓝色、紫褐色的斑状锖色。条痕绿黑色。金属光泽。硬度小于小刀（3~4）。相对密度大（4.1~4.3）。

简单化学试验：Cu 的焰色反应。

(8)斑铜矿 Cu_5FeS_4。

等轴晶系；六八面体晶类，$3L^4 4L^3 6L^2 9PC$(m3m)。

常呈致密块状或不规则粒状，晶体极少见。风化面为暗紫或暗蓝色的斑状锖色，新鲜面呈暗铜红色。条痕灰黑色。金属光泽。硬度小于小刀(3)。

(9)磁黄铁矿 $Fe_{1-x}S$。

六方晶系；复六方双锥晶类，$L^6 6L^2 7PC$(6/mmm)。

常见为致密块状。新鲜面暗青铜黄色。风化面呈褐色锖色。条痕灰黑色。硬度小于小刀(3.5~4.5)。具弱磁性。

常见于铜镍硫化物矿床、矽卡岩型矿床或热液矿床中，与黄铜矿、方铅矿、闪锌矿共生。

磁黄铁矿与斑铜矿相似，注意区分。

(10)镍黄铁矿$(Fe, Ni)_9S_8$。

常以叶片状或火焰状固溶体分散于磁黄铁矿中，故肉眼难以识别。古铜黄色(比磁黄铁矿色稍浅)。

简易化学试验：试镍——将矿粉置于载玻璃片上，用 HNO_3 加热溶解，再加氨水稀释后吸于滤纸上，加一滴二甲基乙二醛肟酒精溶液，则出现桃红色(二甲基乙二醛镍)。

产于与基性、超基性岩有关的铜镍硫化物矿床中，常与磁黄铁矿、黄铜矿密切共生。根据成因产状和共生矿物，有助于鉴别镍黄铁矿和寻找镍矿床。

(11)辉锑矿 Sb_2S_3。

斜方晶系；斜方双锥晶类，$3L^2 3PC$(mmm)。

柱状、针状晶形，柱面有纵纹，晶体常弯曲。铅灰色或钢灰色，风化面有带蓝色的锖色。条痕灰黑色。金属光泽。解理{010}完全，解理面上常有横纹(聚片双晶纹)。硬度小于小刀(2~2.5)。相对密度大(4.51~4.66)。

简易化学试验：在素瓷板上划上条痕，然后加上一滴 KOH 溶液，条痕色变成桔黄色，随后变为褐红色。

为低温热液作用的标型矿物。

辉锑矿风化后成锑华、黄锑华，呈辉锑矿假像。

(12)辉铋矿 Bi_2S_3。

斜方晶系；斜方双锥晶类，$3L^2 3PC$(mmm)。

晶形与辉锑矿相似，呈柱状、针状或毛发状。颜色比辉锑矿略浅。金属光泽比辉锑矿强。解理{001}完全，但解理面上无横纹。硬度小于小刀(2~2.5)。相对密度大(6.4~6.8)。滴 KOH 后无反应。

为高温热液作用的标型矿物。

辉铋矿风化后成铋华。

(13)雌黄 As_2S_3。

单斜晶系；斜方柱晶类，$L^2 2PC$(2/m)。

短柱状，常呈片状集合体，有时呈粉末状。柠檬黄色，条痕鲜黄色。金属光泽，解理面上呈珍珠光泽。解理{010}极完全。硬度小(1~2)。与雄黄密切共生。

为低温热液作用的标型矿物。

（14）雄黄 AsS。

单斜晶系；斜方柱晶类，$L^2 2PC(2/m)$。

致密块状。晶体呈柱状（较少见）。橘红色，条痕浅橘红色。晶面金刚光泽，断口树脂光泽。解理｛010｝完全。硬度小（1.5～2）。与雌黄密切共生。

为低温热液作用的标型矿物。

（15）辉钼矿 MoS_2。

六方晶系；复六方双锥晶类，$L^6 6L^2 7PC(6/mmm)$。

六方板状或片状、鳞片状。铅灰色，条痕在素瓷板上呈亮灰色，在釉瓷板上带黄绿色，摩擦条痕亦可呈黄绿色。金属光泽。解理｛0001｝极完全。硬度小（1～1.5），污手。薄片具挠性，相对密度大。

产于高温热液矿床及矽卡岩矿床中。

（16）黄铁矿 FeS_2。

等轴晶系；偏方复十二面体晶类，$3L^4 4L^3 3PC(m3)$。

常见晶形为立方体、五角十二面体、八面体及它们的聚形。立方体晶面上往往可见三组互相垂直的聚形纹。也常见粒状集合体。浅黄色，条痕黑色。无解理。硬度大于小刀（6～6.5）。风化后成褐铁矿，常呈黄铁矿假象。

产于铜镍硫化物矿床、矽卡岩型矿床、各种热液矿床及还原条件下形成的沉积岩层中。

（17）毒砂 FeAsS。

单斜晶系；斜方柱晶类，$L^2 2PC(2/m)$。

柱状晶体，晶面具纵纹，集合体呈粒状或块状。锡白色，表面常有浅黄色锖色。条痕灰黑色。金属光泽。解理｛101｝中等—不完全。硬度大于小刀（5.5～6）。风化后的产物为浅黄或浅绿色的臭葱石（$Fe[AsO_4] \cdot 2H_2O$）。

主要见于高、中温热液矿床和一些矽卡岩矿床中。

（18）黝铜矿 $Cu_{12}(Sb, As)_4 S_{13}$。

等轴晶系；六四面体晶类，$3L_i^4 4L^3 6P(\bar{4}3m)$。

常呈致密块状。颜色和条痕色均为钢灰色至铁黑色。条痕色有时带褐色色调，无解理。性脆。

产于各种热液矿床及矽卡岩型矿床中，以中、低温热液矿床者居多。

简易化学试验：Cu 的焰色反应。

（19）脆硫锑铅矿（Pb, Fe$)_5[Sb_6 S_{14}]$。

单斜晶系；斜方柱晶类，$L^2 PC(2/m)$。

晶体常沿 c 轴呈柱状、针状、毛发状，也常见羽毛状，粒状集合体。铅灰色，条痕暗灰色或灰黑色。金属光泽。解理｛001｝中等完全。硬度小于小刀（2～3）。性脆。

见于中低温铅锌矿床中。

3. 记录格式

视具体情况，选择典型矿物按表5-3的内容逐项观察填写。

第 7 章

氧化物及氢氧化物矿物和卤化物矿物

目前已发现的氧化物和氢氧化物矿物大类矿物有 300 余种，其中氧化物矿物有 200 余种，氢氧化物矿物有 80 余种，约占地壳总质量的 17%，其中以 SiO_2 分布最广，约占 12.6%，铁的氧化物和氢氧化物矿物占 3.9%。

氧化物及氢氧化物矿物大类中有的是重要的造岩矿物，如石英；有的是可以从中提取金属元素的矿石矿物，如磁铁矿、铬铁矿、黑钨矿、赤铁矿、钛铁矿、软锰矿、硬锰矿、金红石、锡石、晶质铀矿等；有的是其晶体可直接为工业所利用，如用作仪表轴承和磨料的刚玉；还有的是制作宝石的原料，如刚玉、尖晶石、石英。

卤化物矿物大类矿物有 100 余种，其中以氟化物和氯化物矿物为主，溴化物和碘化物矿物极少见。

7.1 氧化物和氢氧化物矿物大类

1. 晶体化学特点

组成氧化物和氢氧化物的阴离子为 O^{2-} 和 $[OH]^{1-}$，因此，阳离子主要为亲氧元素（Al^{3+}、Si^{2+}、Mg^{2+}、Ca^{2+} 等）和过渡型元素（Fe^{3+}、Mn^{2+}、Ti^{4+} 等），其次为亲硫（铜）元素（Cu^{2+}、Pb^{2+}、Zn^{2+}、Sb^{3+}、Bi^{3+} 等）。阴离子 O^{2-} 和 $[OH]^{1-}$ 的半径几乎相等，O^{2-} 的半径为 1.32 Å，$[OH]^{1-}$ 的半径为 1.33 Å，在结晶格架中由它们组成立方或六方最紧密堆积，阳离子便充填在四面体或八面体孔隙中，故阳离子的配位数为 4 或 6，部分是 8 或 12。

典型的二价金属氧化物以离子键为主，而某些三价或四价的金属氧化物，则具有离子键向共价键过渡或趋于共价键的性质，如石英 SiO_2、金红石 TiO_2、Al_2O_3 等。有的金属氧化物不仅具有离子键向共价键过渡的性质，还带有金属键特点，如磁铁矿 Fe_3O_4 等。

2. 物理性质

本大类矿物晶形一般发育，氧化物多呈粒状，氢氧化物多呈针柱状、鳞片状或土状。内生成因者（氧化物为主）晶形完好，外生成因者（氢氧化物为主）晶形较差，其集合体多以致密块状、土状、粉末状或隐晶状和胶状出现。

由 Fe^{3+}、Mn^{2+}、Cr^{2+} 等过渡型色素离子组成的矿物颜色较深,不透明至半透明,金属光泽至半金属光泽(如磁铁矿);由惰性离子型元素 Si^{2+}、Al^{3+}、Mg^{2+} 等阳离子组成的矿物则颜色较浅至无色,透明至半透明,玻璃光泽(如石英)。

氧化物硬度一般较高(大于5.5),氢氧化物硬度一般较低。

3. 成因产状

氢氧化物主要为岩石和矿床风化的产物,它们的阳离子主要是从被风化的岩石或矿床中分离出来的 Mg^{2+}、Fe^{3+}、Mn^{2+}、Al^{3+}、Sn^{4+}、Ti^{2+} 等。并多呈细分散胶态混合物产出。

低价的氧化物可以产于火成岩、伟晶岩以及气成热液矿床中;而高价的氧化物(Mn^{4+}、W^{6+}、Sb^{4+} 等)多在外生条件下形成。

7.2　卤化物矿物大类

组成卤化物矿物的阳离子主要是惰性气体型离子,如钾、钠、钙、镁、铝等。此外还有部分是属于铜型离子,如银、铜、铅、汞等,不过它们所组成的卤化物在自然界极为少见。

该大类矿物在晶体结构上,由于阳离子性质的不同,结构的键性也不同。由惰性气体型离子组成的卤化物表现离子键性,由铜型离子组成的卤化物则表现共价键性。

由惰性气体型离子组成的卤化物矿物一般为无色透明,呈玻璃光泽,相对密度不大,导电性差;而由铜型离子组成的卤化物矿物一般显浅色,呈金属光泽,透明度降低,相对密度增大,导电性增强,并具延展性。氟化物的硬度一般比氯化物、溴化物、碘化物的高,其中氟镁石的硬度为5,是本大类矿物中硬度最高的。

7.3　实验要求

(1)灵活运用矿物的肉眼鉴定方法,扎实矿物鉴定的基本功。

(2)熟悉氧化物和氢氧化物矿物的化学组成、形态、物理性质及成因产状特征,认识氧化物矿物的鉴定主要依靠形态、条痕、解理以及一些其他物理性质,如磁性。掌握必要的简易化学试验。掌握该大类主要矿物的肉眼鉴定特征。

(3)熟悉卤化物矿物的化学组成、形态、物理性质及成因产状特征,掌握该大类矿物中最常见的两种矿物(萤石和石盐)的鉴定特征。

(4)鉴定22种矿物,其中重点矿物13种。

7.4　实验内容

1. 观察氧化物和氢氧化物矿物

观察描述下列氧化物和氢氧化物矿物,重点掌握其外观鉴定特征及必要的简易化学试验。主要包括刚玉、锡石、软锰矿、α-石英等19种,其中重点矿物为刚玉、赤铁矿、金红石、锡石、α-石英、蛋白石、磁铁矿、铬铁矿、黑钨矿、铝土矿、硬锰矿11种。

（1）赤铜矿 Cu_2O。

等轴晶系；六八面体晶类，$3L^44L^36L^29PC(m3m)$。

常为致密块状、粒状或土状集合体、晶体可见八面体和立方体。暗红色，条痕为深浅不同的红棕色。金刚光泽至半金属光泽。

产于铜矿床的氧化带，为铜的硫化物的次生产物。常与自然铜、孔雀石等共生。

简易化学试验：条痕上加一滴 HCl 可产生白色 $CuCl_2$ 沉淀。

（2）刚玉 Al_2O_3。

三方晶系；复三方偏三角面体晶类，$L^33L^23PC(\bar{3}m)$。

柱状或桶状晶形。颜色多种，常见灰色、黄灰色及不同色调的黄色。常因聚片双晶而有 $\{0001\}$ 和 $\{10\bar{1}1\}$ 的裂开，在(0001)面上有时可见三组条纹。硬度大(9)。共生矿物有白云母、长石等。

产于高温，富铝缺硅条件下。也产于砂矿床。色彩美丽者可作宝石，其他用于激光材料和研磨材料、仪器轴承等。

（3）赤铁矿 Fe_2O_3。

三方晶系；复三方偏三角面体晶类，$L^33L^23PC(\bar{3}m)$。

（1）显晶质赤铁矿：有致密块状、片状、鳞片状。黑色或钢灰色，条痕樱桃红（暗棕红）色。金属至半金属光泽。硬度大(5~6)。性脆。无解理。片状晶体者又称之为镜铁矿。

（2）隐晶质赤铁矿：常见呈鲕状、豆状、肾状（赤铁矿）。钢灰色，棕红色条痕。鲕状、豆状内部常具同心层状构造。

主要形成于氧化条件下，以沉积作用和热液作用为主。

（4）金红石 TiO_2。

四方晶系；复四方双锥晶类，$L^44L^25PC(4/mmm)$。

常见完好晶形，四方柱和四方双锥组成聚形，针状、柱状晶形，柱面有纵纹。暗红色、褐红色。金刚光泽。解理$\{110\}$完全。硬度大(6~6.5)。

产于热液石英脉、伟晶岩及砂矿床中。

简易化学试验：将矿粉溶于热磷酸中，冷却稀释后加 H_2O_2 或 Na_2O_2，可使溶液成黄褐色（钛的反应）。

（5）锡石 SnO_2。

四方晶系；复四方双锥晶类，$L^44L^25PC(4/mmm)$。

晶体呈四方柱状，柱面有纵纹。常见膝状双晶。褐色至黑色，含 Nb、Ta 高者呈沥青黑色。晶体的颜色分布不均匀，出现条带或斑杂色。硬度大(6~7)。相对密度大(6.8~7)。它的晶形、颜色等都有标型意义。

简易化学试验：（锡镜反应）置锡石细粒于锌板上，加一滴 HCl，数分钟后，锡石表面形成一层锡白色金属锡薄膜。

（6）软锰矿 MnO_2。

四方晶系；复四方双锥晶类，$L^44L^25PC(4/mmm)$。

晶体少见，常见烟灰状，有时呈针状、放射状集合体。钢灰色至黑色。条痕黑色。半金属光泽。硬度变化大，显晶者 6~6.5，性脆；隐晶或块状集合体可降至 1~2，能污手，加

H_2O_2 剧烈起泡。

成因以沉积型和风化型为主。形成于强氧化条件下。

(7)α – 石英 SiO_2。

三方晶系；三方偏方面体晶类，$L^33L^2(32)$。

常成完好的柱状晶体；常见单形：六方柱(m)，两个菱面体(r、z)，还可出现三方双锥(s)和三方偏方面体(x)。柱面上有横纹，菱面体上可见生长锥，s 面上有时可见条纹。石英晶体有左形、右形之别，它们的标志是 x 面和 s 面的位置：当 x 面位于 m 面之左上角时为左形，位于右上角时为右形；当 s 面的条纹指向左上方者为左形，指向右上方者为右形。

石英双晶发育，最常见的为道芬双晶和巴西双晶。

道芬双晶：相邻柱面的相同方向上都出现 x 面，柱面上的横纹不连续，缝合线弯曲状。

巴西双晶：同一柱面上方的不同方向可分别出现 x 面，柱面上的横纹不连续，缝合线为平直的折线状。

显晶质石英常呈晶簇状，常为无色透明。含不同杂质而成各种颜色的异种，例如：紫水晶、烟水晶、蔷薇石英。块状石英为乳白色。晶面具玻璃光泽。断口具油脂光泽。常见贝壳状断口。硬度大(7)。

隐晶质异种有玉髓(石髓)、玛瑙、燧石、碧玉等。

石英分布非常广泛。伟晶型和热液型的 α – 石英是天然压电石英的重要来源。

(8)β – 石英 SiO_2。

六方晶系。常见六方柱和六方双锥的聚形，但柱面一般不发育。灰白色或略带黄白的白色。玻璃光泽，断口油脂光泽。自然界见到的已转变为 α – 石英，呈 β – 石英假象。

β – 石英见于酸性的火山喷出岩中。

(9)蛋白石 $SiO_2 \cdot nH_2O$。

致密块状、钟乳状、结核状等。纯者无色或白色似蛋白而得名。半透明者具乳光变彩，为贵蛋白石，可作宝石。蛋白石是由富水的 SiO_2 凝胶脱水而成；也可在外生条件下，SiO_2 成硅胶沉淀或为生物吸收成骨骼，死后成硅藻土层。

(10)磁铁矿 $FeFe_2O_4$。

等轴晶系；六八面体晶类，$3L^44L^36L^29PC$(m3m)。

晶体可见八面体、菱形十二面体，常呈致密块状体。颜色和条痕均为黑色。无解理，硬度大(5.5~6)。相对密度大(4.9~5.2)。具强磁性。

钒钛磁铁矿常具有 {111} 的裂开，往往可见到呈三角形的裂开纹，这是钛铁矿呈薄板状沿 {111} 定向分布所造成。有时可见尖晶石律双晶。

主要形成于还原环境。磁铁矿经氧化作用可形成假象赤铁矿。

(11)铬铁矿 $FeCr_2O_4$。

等轴晶系；六八面体晶类，$3L^44L^36L^29PC$(m3m)。

呈粒状，致密块状或瘤状集合体。暗棕色至黑色。条痕褐色。半金属光泽。无解理。硬度和小刀相近。具弱磁性。

产于超基性岩或由其蚀变而成的蛇纹岩中。共生矿物有磁铁矿、橄榄石(粒状、黄、绿色者)、斜方辉石(暗绿色至黑色)、蛇纹石等。

对比铬铁矿、磁铁矿和致密块状赤铁矿的异同。

(12)黑钨矿(Mn，Fe)WO_4。

单斜晶系；斜方柱晶类，$L^2PC(2/m)$。

黑钨矿也叫作钨锰铁矿，黑色板状。

描述其形态、颜色、条痕、光泽、解理、硬度及相对密度。

产于高温热液石英脉及云英岩中。

思考：黑钨矿和黑色闪锌矿、镜铁矿如何区别？

(13)铌钽铁矿(Fe，Mn)$(Nb，Ta)_2O_8$。

晶体呈板状、柱状，集合体成块状。铁黑色至褐黑色。条痕暗红至黑色，半金属至金属光泽。解理{010}中等。硬度变化大(4.2~7)。相对密度大(5.36~8.17)。

主要产于花岗伟晶岩中，也见于砂矿。

(14)黄锑华$SbSb_2O_6(OH)$。

常呈粉末状、土状、致密块状等集合体。黄色、浅黄白色。条痕色白中微带黄色。暗淡无光或油脂光泽。硬度4~5.5。

为原生锑矿物的氧化产物，常呈辉锑矿假像。

(15)锑华Sb_2O_3。

沿c轴延伸呈柱状或板状。白色、淡黄色，条痕白色。金刚光泽。解理{110}完全。硬度小(2~3)。性脆。和辉锑矿、石英伴生。可依辉锑矿成假象。形成于锑矿床氧化带。

(16)水镁石$Mg(OH)_2$。

晶体成板状、叶片状、纤维状。白色、黄色。新鲜面和断口上可见玻璃光泽，解理面呈珍珠光泽，纤维状者具丝绢光泽。硬度小(2.5)。薄片可见解理{0001}极完全，薄片具挠性。易溶于盐酸而不起泡。

(17)铝的氢氧化物。

包括：硬水铝石(AlOOH)，一水软铝石(AlOOH)，三水铝石(Al[OH]_3)。

它们常与其他矿物形成细分散机械混合物。多呈胶态，为含水氧化铁(如褐铁矿)、含水铝的硅酸盐。赤铁矿、蛋白石等所胶结，这些混合物颗粒细小，肉眼难以区分，故统称为"铝土矿"$Al_2O_3 \cdot nH_2O$。

铝土矿常呈鲕状、豆状、致密块状及土状，为细分散多矿物集合体。颜色变化大，灰白、青灰，含铁而带褐红等。手摸时具粗糙感，质纯者具滑感。哈气后可嗅到强烈土臭味。

用一小块铝土矿在氧化焰中灼烧后，加一滴$Co(NO_3)_2$溶液再烧，冷却后有蓝色Al的反应。此外，加HCl不起泡，以此可与石灰岩区别。

铝土矿主要在外生作用下形成。

(18)铁的氢氧化物。

包括：针铁矿(FeOOH)，水针铁矿$(FeOOH \cdot nH_2O)$，纤铁矿(FeOOH)，水纤铁矿$(FeOOH \cdot nH_2O)$。

它们经常与更富含水的氢氧化铁胶凝体以及铝的氢氧化物、泥质物质形成机械混合物，混合物颗粒细小，肉眼难以区分，故统称为"褐铁矿"$Fe_2O_3 \cdot nH_2O$。

褐铁矿常为致密块状、蜂窝状、结核状或土状。还可见褐铁矿依黄铁矿呈假象。黄色、褐色或褐红—褐黑色。条痕黄褐色，土黄色。硬度变化较大(1~4)。

褐铁矿是表生作用的产物(由原生含铁的矿物经氧化和水化作用而成。这种作用也叫作褐铁矿化作用)。大面积富集时,可作铁矿开采。

(19)锰的氢氧化物。

锰的氢氧化物包括含有多种元素的锰的氧化物和氢氧化物,是一种细分散多矿物集合体,通常称为广义的"硬锰矿"$m\mathrm{MnO}\cdot\mathrm{MnO}_2\cdot n\mathrm{H}_2\mathrm{O}$。

硬锰矿多呈钟乳状、葡萄状、肾状和土状。黑色,条痕褐黑色。能污手。加 $\mathrm{H}_2\mathrm{O}_2$ 剧烈起泡。氧化条件下易变成软锰矿。

2. 观察卤化物矿物

卤化物矿物主要依靠形态、颜色、解理以及必要的简易化学试验来鉴定。观察描述萤石、石盐、钾盐三种矿物,重点矿物为萤石和石盐,掌握其主要肉眼鉴定特征。

自然界萤石有多种颜色和形态,注意这些颜色和形态的变化与形成条件之间的关系,并注意萤石的解理特征。石盐和钾盐除味觉上的差异外,还可借焰色反应来区别。取小块矿物置酒精灯的火焰上灼烧,透过蓝玻璃观察,钾盐呈紫色焰色反应,而石盐呈浓黄色。

(1)萤石 CaF_2。

等轴晶系;六八面体晶类,$3L^4 4L^3 6L^2 9PC(\mathrm{m3m})$。

颜色多样,有无色、白色、黄色、绿色、蓝色、紫色、紫黑色及黑色。玻璃光泽,解理 $\{111\}$ 完全。硬度4,呈脆性。

主要为热液型,极少为沉积型。

思考:

①萤石 $\{111\}$ 解理产生的原因?在(111)面上能见到几组解理纹?

②紫色萤石、紫色硬石膏、紫水晶的区别?

(2)石盐 NaCl。

描述其形态、解理特征及其他物理性质。焰色反应呈黄色。

思考:

①石盐 $\{100\}$ 解理产生的原因?

②石盐的主要成因产状和用途?

(3)钾盐 KCl。

晶体呈立方体或八面体,常呈致密块状。无色透明或其他色调。硬度小(1.5~2)。相对密度小(1.97~1.99)。味苦咸且涩,易溶于水,焰色反应呈紫色。

产于盐湖中。

3. 记录格式

视具体情况,选择典型矿物按表5-3的内容逐项观察填写。

第8章

岛状、环状及链状硅酸盐矿物

硅酸盐矿物是金属阳离子与各种硅酸根相结合而成的含氧盐矿物。属含氧盐矿物大类中的一类。

本类矿物在地壳中分布最广泛，目前已发现的有 800 余种，约占岩石圈总质量的 85%。是三大类岩石的主要造岩矿物，是组成地壳的物质基础；对研究岩石或矿床的成因、划分构造带均有特殊意义；许多硅酸盐矿物本身，作为非金属矿物原料或特种非金属材料，广泛用于工业、国防、尖端技术及其他领域，并日益发挥重要作用；是许多金属元素特别是稀有金属 Be、Li、Rb、Cs、Zr、Hf 等的主要或唯一来源；不少硅酸盐矿物是珍贵的宝玉石矿物，如绿柱石(祖母绿和海蓝宝石)、硬玉(翡翠)、软玉、电气石(碧玺)、黄玉、石榴子石(紫牙乌)等。

硅酸盐矿物的阳离子主要是惰性气体型离子及部分过渡型离子，铜型离子很少见。最主要为 Al^{3+}、Fe^{2+}、Ca^{2+}、Mg^{2+}、Na^+、K^+，其次有 Mn^{2+}、Ti^{4+}、Li^+、Be^{2+}、Zr^{4+} 等；阴离子主要是由 Si 和 O 组成的各种络阴离子，其次还可包括附加阴离子 F^-、Cl^-、$(OH)^-$、O^{2-} 及 S^{2-}、$[CO_3]^{2-}$、$[SO_4]^{2-}$ 等；亦可含水。

在硅酸盐结构中，每个 Si 原子被四个 O 原子包围，构成 $[SiO_4]^{4-}$ 四面体，即硅氧骨干，它是硅酸盐的基本构造单位，可孤立地存在；也可以角顶相联形成多种复杂的络阴离子，即各种形式的硅氧骨干，再与金属阳离子结合形成多种硅酸盐矿物。硅酸盐矿物晶体结构中的络阴离子骨干，因 $[SiO_4]^{4-}$ 的联结方式的不同而异。目前已发现的硅氧骨干有几十种，常见的基本形式主要有以下几种。

1. 岛状硅氧骨干

硅氧骨干被其他阳离子所隔开，彼此分离犹如孤岛，可不共用角顶或共用一个角顶。

2. 环状硅氧骨干

共用两个角顶连接成环。

3. 链状硅氧骨干

$[SiO_4]^{4-}$ 四面体以共用两个角顶或部分共用三个角顶联结成沿一个方向无限延伸的链，

其中常见的有单链和双链。

4. 层状硅氧骨干

$[SiO_4]^{4-}$ 四面体以角顶相连，形成在两度空间上无限延伸的层。层中每一个 $[SiO_4]^{4-}$ 四面体以三个角顶与相邻的 $[SiO_4]^{4-}$ 四面体相联结，形成六方网状。

5. 架状硅氧骨干

$[SiO_4]^{4-}$ 四面体四个角顶全部与其相邻的四个 $[SiO_4]^{4-}$ 四面体共用，每个氧与两个硅相联系，形成惰性氧，但在硅酸盐的架状骨干中，必须有部分的四价硅为三价铝所代替，从而使氧离子带有部分剩余电荷得以与骨干外的其他阳离子结合，形成铝硅酸盐。

因此，根据硅氧骨干的基本形式，硅酸盐矿物类又细分为：岛状、环状、链状、层状和架状硅酸盐矿物亚类。

8.1　岛状硅酸盐矿物亚类

本亚类矿物为具有络阴离子 $[SiO_4]^{4-}$（孤立四面体）或 $[Si_2O_7]^{6-}$（双四面体）的矿物；组成矿物的阳离子主要有：Fe^{2+}、Mg^{2+}、Ca^{2+}，Mn^{2+}、Fe^{3+}、Al^{3+}、Cr^{3+}、Ti^{4+}、Zr^{4+} 等；常见的附加阴离子有 O^{2-}、OH^-、F^-、Cl^- 等。

一般具有离子键和共价键，故矿物具有表面极性较强，亲水性较好，硬度较大，由于含各种色素离子而颜色变化较大，物理性质和化学性质较稳定等特点。

主要形成于内生和变质作用中，在表生作用中形成的很少。

8.2　环状硅酸盐矿物亚类

本亚类矿物多呈不同长宽比的柱状外形，其络阴离子一般为 $[Si_3O_9]^{6-}$（三环）、$[Si_4O_{12}]^{8-}$（四环）和 $[Si_6O_{18}]^{12-}$（六环）。环状络阴离子间主要以阳离子 Al^{3+}、Mg^{2+}、Be^{2+} 等联结，相当牢固，故矿物的硬度和化学稳定性较大。但因在环中有很大的空隙，所以本亚类矿物的密度不大。矿物中的空隙联成通道，还能容纳各种离子和分子。

多产于花岗伟晶岩及气成热液矿床中，变质作用中亦有产出。

8.3　链状硅酸盐矿物亚类

本亚类最常见的矿物为辉石族（单链构造）和角闪石族（双链构造）。辉石族矿物的化学式为 $R_2[Si_2O_6]$；角闪石族矿物化学式为 $R_7[Si_4O_{11}]_2[OH]_2$。阳离子 R 主要为 Fe^{2+}、Mg^{2+}、Ca^{2+}，有时为 Na^+、Li^+、Al^{3+}、Fe^{3+} 等。络阴离子中的 Si^{4+} 可部分被 Al^{3+} 代替。链内为强的离子键，链间离子键较弱。

主要物理性质：颜色较深，玻璃光泽，晶体为一向延长的柱状或针状，硬度较大，相对密度中等，含 Fe 者具弱磁性，非导体。

形成于多种内生和变质作用,是岩浆岩和变质岩的主要造岩矿物。辉石族和角闪石族矿物的分布最为广泛。

8.4 实验要求

(1)掌握岛状、环状和链状结构硅酸盐矿物的硅氧骨干特点,认识它们的晶体化学特征与形态、物性、成因的关系。

(2)掌握岛状硅酸盐矿物的鉴定特征,着重注意它们的形态、颜色、解理和硬度。

(3)鉴定 26 种矿物,其中重点矿物 15 种。

8.5 实验内容

1.观察岛状硅酸盐矿物

观察描述下列岛状硅酸盐矿物,重点掌握其外观鉴定特征及其硅氧骨干的特点。主要包括锆石、橄榄石等 10 种,其中重点矿物为橄榄石、石榴子石、红柱石、蓝晶石、黄玉、绿帘石 6 种。

(1)锆石(锆英石)$Zr[SiO_4]$。

四方晶系;复四方双锥晶类,$L^44L^25PC(4/mmm)$。

描述其形态、颜色、晶面及断口的光泽,硬度及共生矿物。

注意锆石和锡石、金红石的区别。

产于酸性和碱性岩浆岩及伟晶岩中。

(2)橄榄石$(Mg, Fe)_2[SiO_4]$。

斜方晶系;斜方双锥晶类,$3L^23PC(mmm)$。

手标本上黄绿色者为橄榄石。

描述其形态,颜色、光泽,硬度。成因产状。

(3)石榴子石 $A_3B_2[SiO_4]_3$。

A:Mg^{2+},Fe^{2+},Mn^{2+},Ca^{2+}

B:Al^{3+},Fe^{3+},Cr^{3+}

等轴晶系;六八面体晶类,$3L^44L^36L^29PC(m3m)$。

晶形完好,或致密块状。颜色各种各样,例如:浅黄褐色、褐色、红褐色。描述晶形,分析单形,注意晶面花纹、光泽、硬度及解理有何特点。描述主要成因产状。

(4)红柱石 $Al_2[SiO_4]O$。

斜方晶系;斜方双锥晶类,$3L^23PC(mmm)$。

灰色、白色柱状晶体或放射状集合体(俗名菊花石)。

描述其单体、集合体形态,新鲜面的颜色,横断面和纵断面形状,解理特点。红柱石易蚀变成绢云母而硬度变小。经常包裹有碳质和泥质物质,并呈定向排列,使横断面呈黑色十字形,称为空晶石。

为典型的接触热变质矿物,为富铝岩石在低压高温变质带的产物。

简易化学试验：硝酸钴试 Al，将矿物小碎片在氧化焰中灼烧，再加 1～2 滴 $Co[NO_3]_2$，再灼烧，可见碎片边缘呈蓝色。

(5)蓝晶石 $Al_2[SiO_4]O$。

三斜晶系；平行双面晶类，$C(\bar{1})$。

又名二硬石（标本中呈板柱状者）。

描述其颜色，光泽，解理特征，硬度的异向性。它易蚀变成绢云母、叶蜡石。

为区域变质作用的产物，在中压低温的区域变质作用下产出。亦可产于高压变质带。

(6)黄玉 $Al_2[SiO_4](F, OH)_2$。

斜方晶系；斜方双锥晶类，$3L^23PC(mmm)$。

黄色、无色或带绿色的柱状晶体或块状体。

描述柱状晶体时应注意晶面纵纹，横断面形状，光泽，解理及硬度。共生矿物有石英、云母、绿柱石等。

产于伟晶岩、云英岩，高温气成热液矿脉中。

(7)十字石 $FeAl_4[SiO_4]_2O_2(OH)_2$。

单斜晶系；斜方柱晶类，$L^2PC(2/m)$。

褐中微红色，横断面菱形，双晶呈十字形或斜十字形。

描述其单体形态，双晶特征，硬度。它易蚀变成绢云母和绿泥石。

区域变质作用的产物。

(8)榍石 $CaTi[SiO_4]O$。

单斜晶系；斜方柱晶类，$L^2PC(2/m)$。

在中酸性岩标本中呈蜜黄色小晶体，在伟晶岩中为粗大的褐色板状晶形。

描述其晶体形态，断面形状，光泽及解理特点。产于中酸性岩中，共生矿物有石英、正长石(肉红色)和斜长石(白色有解理者)、黑云母、角闪石(黑色长柱状)。伟晶岩中共生矿物有正长石、锆石等。

(9)符山石 $Ca_{10}(Mg, Fe)_2Al_4[SiO_4]_5[Si_2O_7]_2(OH, F)_4$。

四方晶系；复四方双锥晶类，$L^44L^25PC(4/mmm)$。

灰黄色，褐色柱状或放射状集合体。

描述其晶体形态，横断面形状，晶面花纹等。易蚀变成绿泥石、绢云母。

产于接触交代矽卡岩中。

(10)绿帘石 $Ca_2FeAl_2[SiO_4][Si_2O_7]O(OH)$。

单斜晶系；斜方柱晶类，$L^2PC(2/m)$。

草黄绿色至墨绿色柱状者。

描述其形态及晶面花纹特征，颜色、光泽及解理特征。它和橄榄石如何区别？

生成于中温热液作用、绿片岩相和动力变质作用。

2. 观察环状硅酸盐矿物

观察描述下列环状硅酸盐矿物，重点掌握其肉眼鉴定特征和环状络阴离子的特点。主要包括绿柱石、堇青石、电气石 3 种重点矿物。

（1）绿柱石 $Be_3Al_2[Si_6O_{18}]$。

六方晶系；复六方双锥晶类；$L^66L^27PC(6/mmm)$。

六方柱状者为绿柱石。

描述其单体及集合体形态、晶面花纹、颜色、光泽、解理、硬度等。

产于伟晶岩、云英岩和高温热液矿脉中。

（2）堇青石 $(Mg,Fe)_2Al_3[AlSi_5O_{18}]$。

斜方晶系；斜方双锥晶类，$3L^23PC(mmm)$

描述其在岩石中的形态、横断面、颜色、断口光泽、解理。堇青石产于由泥质岩经热变质而成的角岩中。为典型的变质矿物。与富镁、铝的矿物如角闪石、黑云母、矽线石、滑石等共生。

堇青石酷似石英，注意与石英的区分。

（3）电气石 $Na(Mg,Fe,Mn,Li,Al)_3Al_6[Si_6O_{18}][BO_3]_3(OH,F)_4$。

三方晶系；复三方单锥晶类，$L^33P(3m)$。

为黑色及各种彩色柱状晶体。

描述其形态、横断面形状，对单晶体要分析单形、绘图并标上单形形号。注意颜色的变化。无解理，可有{0001}裂开，硬度大。

产于伟晶岩及气成热液矿床中。清澈透明者可作宝石原料（俗称碧玺）。

3. 观察链状硅酸盐矿物

观察描述下列链状硅酸盐矿物，重点掌握其外观鉴定特征及单链和双链的特点。主要包括紫苏辉石、透辉石、硬玉等13种，其中重点矿物为透辉石、普通辉石、硅灰石、透闪石、阳起石、普通角闪石6种。

（1）紫苏辉石 $(Mg,Fe)_2[Si_2O_6]$。

黑色，裂开面呈古铜色。

描述其形态、光泽、解理及裂开的特点。共生矿物有磁铁矿、基性斜长石（灰黑色，有聚片双晶纹）。

（2）透辉石 $CaMg[Si_2O_6]$。

次透辉石 $Ca(Mg,Fe)[Si_2O_6]$

单斜晶系；斜方柱晶类，$L^2PC(2/m)$。

白色、浅绿色柱状者为透辉石，暗绿色柱状者为次透辉石。

描述其形态特征、横断面形状及解理特点。共生矿物有石榴子石、阳起石（暗绿色长柱状）。

为矽卡岩、超基性岩、基性岩的主要矿物。

（3）普通辉石 $Ca(Mg,Fe^{2+},Fe^{3+},Ti,Al)[(Si,Al)_2O_6]$。

单斜晶系；斜方柱晶类，$L^2PC(2/m)$。

绿黑色短柱状矿物。

描述其形态、断面形状、解理特点。共生矿物有斜长石。易蚀变成绿泥石等。

（4）硬玉 $NaAl[Si_2O_6]$。

俗名翡翠。晶体极少见，通常成致密块状集合体。最常见苹果绿色，也有浅蓝色和白色，硬度大(6.5~7)，极坚韧。可见刺状断口。

为变质作用的产物。

可作玉器。

(5)霓石 – 霓辉石 $NaFe^{3+}[Si_2O_6] - (Na, Ca)(Fe^{8+}, Fe^{2+}, Mg, Al)[Si_2O_6]$。

晶体常成针状、柱状，晶面具纵纹。暗绿至黑色。具辉石式解理。常与正长石、霞石等共生。为碱性岩浆岩的主要造岩矿物。

(6)锂辉石 $LiAl[Si_2O_6]$。

呈白色、带浅绿的白色。

描述其形态、颜色、解理。

为富锂花岗伟晶岩中特征矿物。

(7)硅灰石 $Ca_8[Si_3O_9]$。

三斜晶系；平行双面晶类，$C(\bar{1})$。

白色，灰白色纤维状或柱状。

描述其形态，颜色、光泽、解理。共生矿物有：石榴子石，透辉石、符山石、绿帘石等。

为典型的变质矿物，常见于酸性岩浆岩和碳酸盐岩的接触带。

(8)蔷薇辉石 $(Mn, Ca)[SiO_3]$。

蔷薇红色。

描述其形态、新鲜面及风化面颜色以及解理等其他物性特点。尤其特征颜色。

(9)透闪石 $Ca_2Mg_5[Si_4O_{11}]_2(OH)_2$。

单斜晶系：斜方柱晶类，$L^2PC(2/m)$。

白色或带浅绿的白色。

描述其形态，横断面形状及解理特点。与透辉石对比，注意区分。

为矽卡岩的主要矿物。

思考：透闪石、透辉石、硅灰石的异同？

(10)阳起石 $Ca_2(Mg, Fe)_5[Si_4O_{11}]_2(OH)_2$。

单斜晶系；斜方柱晶类，$L^2PC(2/m)$。

浅绿色至暗绿色、浊绿色。描述其形态及物性。

思考：阳起石与透闪石的异同？

透闪石、阳起石，柔软的纤维状异种叫石棉。隐晶质致密块状者称为软玉。

(11)蓝石棉。

灰蓝色的纤维状。

描述其形态，颜色，纤维的粗细、长短、柔软性等特征。

何谓角闪石石棉？有何用途？

(12)普通角闪石 $(Ca, Na, K)_{2-3}(Mg, Fe^{2+}, Fe^{3+}, Al)_5[Si_8(Si_9Al)_2O_{22}](OH, F)_2$。

单斜晶系；斜方柱晶类，$L^2PC(2/m)$。

呈黑色、绿黑色长柱状矿物。

描述其形态、横断面、光泽、硬度、解理。角闪石易蚀变为绿泥石。显微镜下观察解理夹角特点，分析能见到两组解理的切面是什么方位？

思考：普通角闪石与普通辉石的异同？

(13)夕线石 $Al[AlSiO_5]$。

白色、灰色长柱状、针状。

描其形态、物性特点。为富铝质岩石经接触热变质或区域变质作用而成。共生矿物有云母、刚玉,十字石、石榴子石等。

思考:夕线石、硅灰石、透闪石如何区分?它们能共生吗?

4. 记录格式

视具体情况,选择典型矿物按表 5-3 的内容逐项观察填写。

第9章

层状、架状硅酸盐矿物

如第 8 章所述，层状和架状硅酸盐矿物同样受到其硅氧骨干类型的约束，分别属于硅酸盐类的层状硅酸盐矿物亚类和架状硅酸盐矿物亚类。

9.1　层状硅酸盐矿物亚类

本亚类矿物主要包括络阴离子$[Si_4O_{10}]^{4-}$和附加阴离子$[OH]^-$的云母和类云母矿物；阳离子主要为Mg^{2+}、Al^{3+}，类质同象普遍。硅氧四面体中的一部分Si^{4+}被Al^{3+}代替，故有附加阳离子K^+、Na^+、Ca^{2+}等加入使电价平衡。层内以离子键结合，层间以分子键或较弱的离子键联结。多含有附加阴离子F^-、Cl^-、$[OH]^-$等；矿物一般为片状晶体，一向极完全解理，薄片具挠性或弹性，硬度较小，相对密度较小，非电热导体，表面极性较差，故疏水性较好。

9.2　架状硅酸盐矿物亚类

本亚类矿物的络阴离子多为$[AlSi_3O_8]^{1-}$或$[Al_2Si_2O_8]^{2-}$，其阳离子主要为K^+、Na^+、Ca^{2+}、Ba^{2+}等。由于晶格骨架中存在很大的空间，有时可容纳附加阴离子F^-、Cl^-、$[OH]^-$等以补偿构造中过剩的正电荷。络阴离子内部为共价键，与阳离子之间为离子键结合。

本亚类最常见的是长石族矿物，K^+、Na^+、Ca^{2+}阳离子等可以形成广泛的类质同象，形成如下两个类质同象系列的矿物：

钾钠长石系列：$Na[AlSi_3O_8]-K[AlSi_3O_8]$，组成正长石亚族。

钠钙长石系列：$Na[AlSi_3O_8]-Ca[Al_2Si_2O_8]$，组成斜长石亚族。

主要物理性质：色浅、硬度较大、玻璃光泽、相对密度较小、电热的不良导体、具亲水性等。

9.3　实验要求

（1）通过观察矿物深入理解层状结构硅氧骨干与其形态和物性的相关性，掌握层状结构硅酸盐矿物的主要肉眼鉴定特征，包括挠性、弹性、可塑性、膨胀性等。

（2）通过掌握架状结构硅氧骨干的特征和阳离子在结构中的分布特点以及它们对形态、物性的影响；熟练地掌握长石族矿物的鉴定特征。

（3）鉴定 24 种矿物，其中重点矿物 14 种。

9.4　实验内容

1. 观察层状硅酸盐矿物

对照教材中该矿物有关的描述，观察描述下列层状硅酸盐矿物，重点掌握其肉眼鉴定特征。主要包括滑石、叶蜡石等 13 种，其中重点矿物为滑石、叶蜡石、白云母、黑云母、金云母、蛭石、绿泥石、高岭石、蛇纹石 9 种。

（1）滑石 $Mg_3[Si_4O_{10}](OH)_2$。

单斜晶系；斜方柱晶类，$L^2PC(2/m)$。

描述其形态、光泽、颜色、解理、硬度及滑感。分析其晶体结构与形态、物性之间的关系。

滑为富镁岩石经热液作用而成。

简易化学试验：硝酸钴法试镁——将矿物小碎片在氧化焰中灼烧，再加 1～2 滴硝酸钴溶液，再灼烧，可见碎片边缘呈现肉红色。

（2）叶蜡石 $Al_2[Si_4O_{10}](OH)_2$。

单斜晶系；斜方柱晶类，$L^2PC(2/m)$。

致密块状者又叫作冻石、寿山石。

描述其形态、光泽、解理、硬度。

富 Al 岩石受热液作用的产物。我国福建寿山、浙江青田所产的叶蜡石闻名于世界。简易化学试验：硝酸钴试 Al 呈蓝色。

对比滑石与叶蜡石的异同。

（3）白云母 $KAl_2[AlSi_3O_{10}](OH)_2$。

单斜晶系；斜方柱晶类，$L^2PC(2/m)$。

描述其形态、光泽、硬度、解理特征。观察云母的打象和压象。呈细小鳞片状的白云母称为绢云母。

有工业价值的白云母主要产于伟晶岩。

（4）黑云母 $K(Mg,Fe)_3[AlSi_3O_{10}](OH)_2$。

描述其形态和解理等物性。

黑云母易蚀变成绿泥石、自云母。经风化后亦可成蛭石。

黑云母的成因多样，产出在各种岩石中。

（5）金云母 $KMg_3[AlSi_3O_{10}](OH)_2$。

描述其形态、颜色（棕色或绿色）、解理特性。

以接触交代成因为主。

（6）锂云母 $K\{Li_{2-x}Al_{1+x}[Al_{2x}Si_{4-2x}O_{10}](F,OH)_2\}$。

描述其形态、颜色、光泽、解理。

共生矿物有锂辉石、长石、白云母。

产于花岗伟晶岩中。

(7)蛭石$(Mg, Ca)\{(Mg, Fe^{8+}, Al)_3[AlSi_3O_{10}](OH)_2\} \cdot nH_2O$。

单斜晶系；反映双面晶类，$P(m)$。

描述其形态、物性。观察灼烧时体积膨胀现象。

蛭石为低温热液蚀变的产物。亦可由黑云母经风化作用而成。

蛭石可作硬水软化剂，绝热、隔音材料。

思考：为蛭石加热膨胀的原因是什么？

(8)海绿石$K_{1-x}\{(Fe, Al)_2[Al_{1-x}Si_{3+x}O_{10}](OH)_2\} \cdot mH_2O$。

绿色、暗绿色片状，圆粒状。产于浅海相沉积物中(如砂岩、碳酸盐等)，有指示岩相的意义。

可作为农肥、硬水软化剂。

(9)绿泥石$(R^{2+}, R^{8+})_6[(Si, Al)_4O_{10}](OH)_8$。

R^{2+}：Mg、Fe^{2+}、Mn；R^{3+}：Al、Fe^{3+}、Cr^{3+}。

为不同色调的绿色。描述其形态及其他特性。

大部分绿泥石矿物为热液作用和浅成变质作用或沉积作用的产物。

思考：你知道有哪些矿物可以蚀变成绿泥石吗？

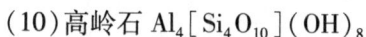

(10)高岭石$Al_4[Si_4O_{10}](OH)_8$

三斜晶系；平行双面晶类，$C(\bar{1})$。

描述其形态及物性，尤其要观察其吸水性、可塑性及触感等特殊性质。

高岭石主要是富含铝硅酸盐的火成岩、变质岩、在酸性介质环境中，经风化作用或低温热液交代作用的产物。

(11)多水高岭石(埃洛石)$Al_4[Si_4O_{10}](OH)_8 \cdot 4H_2O$。

描述其形态及物性。观察多水高岭石的电镜照片及差热曲线，注意其特点，并与高岭石进行对比。

为典型的表生矿物，主要产于氧化带中。

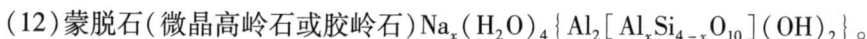

(12)蒙脱石(微晶高岭石或胶岭石)$Na_x(H_2O)_4\{Al_2[Al_xSi_{4-x}O_{10}](OH)_2\}$。

描述其形态及物性。尤其是吸水膨胀性的特点，和高岭石对比异同。

蒙脱石主要是基性火成岩在碱性环境中，经风化而成。可用来作吸附剂及充填剂。

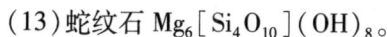

(13)蛇纹石$Mg_6[Si_4O_{10}](OH)_8$。

各种色调的绿色，浅黄白至白色。蛇纹石之名称来自青、绿色的斑纹。

描述其形态特点，主要的物理性质。注意蛇纹石石棉和角闪石石棉的异同。

蛇纹石为富镁岩石经热液交代而成。

2. 观察架状硅酸盐矿物

观察描述下列架状硅酸盐矿物，重点掌握其肉眼鉴定特征。主要包括透长石、正长石等11 种，其中重点矿物为正长石、微斜长石、斜长石、霞石、白榴石 5 种。

(1)透长石$K[AlSi_3O_8]$。

板状，有时可见卡式双晶。无色透明。解理{001}和{010}完全，交角等于90°。在喷出岩、浅成岩中,成斑晶产出。以上特征可区别于石英。

(2)正长石 K[AlSi$_3$O$_8$]。

单斜晶系;斜方柱晶类,$L^2PC(2/m)$。

肉红色板状晶体。分析晶形,绘晶体素描图,并标上晶面符号。描述双晶及颜色、解理、硬度。

产于各类岩石中,分布十分广泛。

(3)微斜长石 K[AlSi$_3$O$_8$]。

三斜晶系;平行双面晶类,$C(\bar{1})$。

灰白色、肉红色,经常含有钠长石条片嵌晶,故称条纹长石。微斜长石常有双晶(在偏光显微镜下可见格子状双晶)。描述其解理、硬度。

微斜长石是伟晶岩的主要矿物之一,而且条纹长石更为常见,它多与石英组成规则连体,称为"文象结构"。微斜长石还可在酸性岩、碱性岩、变质岩和沉积岩中产出。

思考:

①条纹长石是如何形成的?

②条纹长石中的条纹与解理纹、聚片双晶纹如何区别?

(4)天河石 K[AlSi$_3$O$_8$]。

绿色,钾微斜长石的异种,含 Rb,Cs。

描述天河石的形态、光泽、解理和硬度。

对比天河石、绿柱石、锂辉石,注意它们的区别。

(5)歪长石 (Na,K)[AlSi$_3$O$_8$]。

无色透明,略带黄白色板状晶体。也叫作钠微斜长石。描述其形态、颜色、解理,硬度。

(6)斜长石 Na[AlSi$_3$O$_8$] – Ca[Al$_2$Si$_2$O$_8$]。

三斜晶系;平行双面晶类,$C(\bar{1})$。

白色、灰色的板状晶体。

描述其形态、双晶、颜色及解理,硬度等。

斜长石为岩浆岩和变质岩中的主要造岩矿物,分布十分广泛。

在岩浆岩分类中,斜长石按其中钙长石(An)组分含量可分为三种:

酸性斜长石 An=0%~30%(观察花岗岩中的斜长石);

中性斜长石 An=30%~60%(观察闪长岩中的斜长石);

基性斜长石 An=60%~100%(观察基性岩中的斜长石)。

观察上述岩浆岩标本时,应注意矿物的共生组合和石英的含量。

另外,斜长石还可具有一些特殊的性质而形成各种异种:

日光石:酸性斜长石因含有鳞片状镜铁矿细微包裹体而具有耀眼的金光。

月光石:酸性斜长石中因钾长石和钠长石两相离溶后几乎成平行排列而引起光学效应,出现柔和的淡蓝色乳光,好似月光。

拉长石:因细鳞片包体或两种不同长石相的晶片平行(010)方向排列,因而使{010}面上呈现美丽的蓝绿色变彩。

(7)霞石 Na[AlSiO$_4$]。

六方晶系;六方单锥晶类,$L^6(6)$。

褐红色、灰白色，油脂光泽(风化后无光泽)。

描述其形态、物性和共生矿物。注意与石英、钾长石的区分。

产于碱性岩中。

简易化学试验：将其粉末致于试管，加浓 HCl 煮沸几分钟后，出现云霞状硅胶。

(8)白榴石 $K[AlSi_2O_6]$。

四方晶系；四方双锥晶类，$L^4PC(4/m)$。

白色、灰色或炉灰色晶体。

描述其晶形，写出单形名称。注意共生组合及其与石榴子石的区分。

产于富钾贫硅的喷出岩及浅成岩中，通常呈斑晶出现。

思考：

①为什么白榴石属四方晶系却见等轴晶系单形？

②为什么富含白榴石的火山岩地区土壤特别肥沃？

(9)日光榴石 $Mn[BeSiO_4]_6S_2$。

晶体成四面体或球形，集合体呈致密块状。黄褐色，表面常常因风化而呈黑色。如将矿物粉末用 HCl 或 H_3PO_4 加热溶解，可放出 H_2S 气体。

常见于接触交代矿床中。

(10)方柱石 $(Na,Ca)_4[Al(Al,Si)Si_2O_8]_3(Cl,F,OH,CO_3,SO_4)$。

白色、灰色，柱状晶形。

描述其形态、颜色、解理，硬度，易蚀变成方解石、绿帘石、高岭石等。常交代斜长石。

产于接触交代矿床中。

(11)丝光沸石 $(Na_2,K_2,Ca)_2[AlSi_5O_{12}]_4 \cdot 12H_2O$。

晶体沿 c 轴延长成针状或纤维状。

描述其物性特征。

产于火山岩的气孔或裂隙中。

思考：

你知道沸石矿物的用途吗？

3.记录格式

视具体情况，选择典型矿物按表5-3的内容逐项观察填写。

第 10 章

碳酸盐、硫酸盐及其他含氧盐矿物

含氧盐矿物大类除了硅酸盐矿物外,还包括碳酸盐、硫酸盐、磷酸盐、硼酸盐、钨酸盐等其他含氧盐矿物,其中以碳酸盐、硫酸盐为最重要,其次为磷酸盐、钨酸盐等。

10.1 碳酸盐矿物类

本类已知矿物约 80 种,占地壳总质量的 1.7%,其中以 Ca、Mg 碳酸盐矿物最多,其次为 Fe、Mn 等碳酸盐矿物。

这类矿物有的是非金属矿产的原料,如白云石、菱镁矿;有的是金属矿产的原料,如菱铁矿、菱锰矿等。

碳酸盐矿物是由络阴离子 $[CO_3]^{2-}$ 与有关金属阳离子组成的化合物。$[CO_3]^{2-}$ 离子呈平面三角形排列,内部呈共价键—离子键的性质,络阴离子与阳离子之间由较弱的离子键结合。

矿物中阳离子主要有 Fe^{2+}、Mg^{2+}、Ca^{2+}、Mn、Cu、Pb、Zn、Ba 等,类质同象较常见。

晶体形态主要为三方晶系,晶体呈菱面体,少数为斜方晶系,晶体呈假六方柱状。

本类矿物在物理性质上多为无色或浅色,含色素离子 Fe、Mn 时颜色较深,玻璃光泽、透明至半透明,硬度多为中等,无磁性,电和热的非良导体,矿物表面具亲水性;化学性质稳定性较差,溶解度较大,与盐酸和硝酸都有不同程度的反应(放出 CO_2)。

对本类颗粒细小矿物的鉴别方法除一般的方法外,常采用染色法,配合热分析法(包括差热分析和热重分析),可有效地鉴别颗粒细小的无水碳酸盐矿物。

10.2 硫酸盐矿物类

本类矿物在自然界中产出约 260 多种,仅占地壳总质量的 0.1%,主要作为非金属矿物原料,如石膏。

主要物理性质:颜色较浅,透明至半透明,多数呈玻璃光泽,硬度较小,不具磁性,电和热的非导体;化学性质不稳定,易溶于水。

本类矿物有内生和外生两种成因,但均为氧逸度高且温度低的环境条件。

10.3　实验要求

(1)掌握碳酸盐、硫酸盐、磷酸盐、钨酸盐、硼酸盐等常见矿物的成分、形态和物理性质的特征。

(2)掌握必要的简易化学试验以区分相似矿物。

(3)鉴定 23 种矿物,其中重点矿物 13 种。

10.4　实验内容

观察描述下列碳酸盐、硫酸盐等常见矿物,重点掌握常见矿物的肉眼鉴定特征。掌握一些典型的简易化学试验,用以区分某些相似矿物。重点矿物包括方解石、菱镁矿、菱铁矿、菱锰矿、白云石、孔雀石、蓝铜矿、重晶石、石膏、硬石膏、硼镁铁矿、磷灰石、白钨矿 13 种。

(1)方解石 $CaCO_3$。

三方晶系;复三方偏三角面体晶类,$L^8 3L^2 3PC(\bar{3}m)$。

全面描述晶形、双晶和集合体,包括粒状(大理岩),致密块状(石灰岩),钟乳状(石钟乳)。

无色透明者为冰洲石(注意观察冰洲石的双折射现象)。描述其解理、硬度、相对密度。观察方解石与冷 HCl 作用的反应结果(试验后请将标本上的盐酸残液擦去)。

用 $FeCl_3$ 及硝酸铜作用于方解石,有何现象发生?(注意不得用配套的标本试!)

思考:

①方解石的晶体形态有何标型意义?

②钟乳石是如何形成的? 它有什么地质意义?

③方解石与重晶石、硬石膏的区别?

(2)菱镁矿 $MgCO_3$。

三方晶系;复三方偏三角面体晶类,$L^8 3L^2 3PC(\bar{3}m)$。

全面描述其形态和物性。对比菱镁矿与冷 HCl 作用或其粉末与热 HCl 作用有何反应?和 $FeCl_3$ 起作用吗?

(3)菱铁矿 $FeCO_3$。

三方晶系;复三方偏三角面体晶类,$L^8 3L^2 3PC(\bar{3}m)$。

描述其形态和颜色、解理、硬度、相对密度。观察菱铁矿和 HCl 作用后的现象。

思考:将菱铁矿小碎块灼烧后看颜色的有什么变化? 为何出现了磁性?

菱铁矿和闪锌矿如何区别?

(4)菱锌矿 $ZnCO_3$。

描述其形态、解理及硬度、相对密度。观察和 HCl 反应的结果。

根据形态判断成因。

(5)菱锰矿 $MnCO_3$。

描述其形态、新鲜面和风化面的颜色及与 HCl 作用的结果。

思考:如何区别于蔷薇辉石?

（6）白云石 $CaMg[CO_3]_2$。

三方晶系；菱面体晶类，$L^3C(\bar{3})$。

描述其形态，注意晶面弯曲呈马鞍形的现象。观察颜色、解理；测硬度、相对密度。

观察白云石和冷、热 HCl 作用的结果。

思考：白云石、方解石、菱镁矿如何区分？

白云石在自然界广泛分布，主要有沉积和热液两种成因。

（7）文石 $CaCO_3$。

描述其形态、颜色、硬度、相对密度。

文石通常在低温热液或外生作用条件下形成，是低温矿物之一。文石不稳定，常转变为方解石（呈文石副象）。与方解石相似，加 HCl 亦剧烈起泡。注意与方解石的区分。

（8）孔雀石 $Cu_2[CO_3](OH)_2$。

单斜晶系；斜方柱晶类，$L^2PC(2/m)$。

描述其形态、颜色及共生、伴生矿物。观察孔雀石和 HCl 作用的结果？

思考：孔雀石的成因产状的特点及意义？

（9）蓝铜矿 $Cu_3[CO_3]_2(OH)_2$。

又名石青。单斜晶系；斜方柱晶类，$L^2PC(2/m)$。

描述其形态和颜色的特征，共生和伴生矿物等。

（10）重晶石 $BaSO_4$。

斜方晶系；斜方双锥晶类，$3L^23PC(mmm)$。

综合描述重晶石的形态及颜色、解理、硬度、相对密度。Ba 的焰色为黄绿色。

对比白色重晶石和方解石、斜长石的异同。

主要产于低温热液矿脉中。

思考：为什么重晶石的相对密度大？

（11）天青石 $SrSO_4$。

晶形与重晶石同，但完好晶体较少见。天蓝色，无色透明，玻璃光泽，解理面珍珠光泽。其他特点也同于重晶石。

Sr 的焰色反应呈深红色。

（12）石膏 $CaSO_4 \cdot 2H_2O$。

单斜晶系；斜方柱晶类，$L^2PC(2/m)$。

描述其晶形、双晶类型、双晶律、颜色、透明度、光泽（包括解理面的光泽或纤维状集合体的光泽）、解理、硬度。

主要为化学沉积作用的产物。

（13）硬石膏 $CaSO_4$。

斜方晶系；斜方双锥晶类，$3L^23PC(mmm)$。

全面描述其鉴定特征。

硬石膏主要为化学沉积的产物，大量形成于盐湖中，受水化后可转变为石膏。亦可在热液脉中产出。

思考：

①如何区别致密块状的硬石膏、石膏和石灰岩？

②硬石膏与重晶石如何区分？

（14）芒硝 $Na_2(H_2O)_{10}[SO_4]$。

无色或白色柱状或板条状，但晶体少见，多为致密块状，被膜状。相对密度小（1.49），硬度小（1.5～2），极易溶于水。干燥空气中能逐渐失水形成白色粉末状的无水芒硝 Na_2SO_4。

为盐湖的化学沉积物，当形成温度高于 33℃ 时形成无水芒硝。

（15）明矾石 $KAl_3[SO_4]_2(OH)_6$。

通常为块状，纤维状或土状。白色，常带灰色、微红色调。

为中酸性火山岩经低温热液蚀变的产物。

（16）胆矾 $CuSO_4 \cdot 5H_2O$。

晶体呈板状或短柱状，但不常见。天蓝色，透明，硬度小（2.5），味苦且涩，极易溶于水。常温下可失去部分水而变成浅绿色粉末状的一水硫酸铜（$CuSO_4 \cdot H_2O$）。

（17）硼砂 $Na_2(H_2O)_8[B_4O_5(OH)_4]$。

板状或短柱状。无色、白色或带微绿、微蓝等色。玻璃光泽。硬度小（2.5），易溶于水，空气中易脱水变混浊而成粉末。火烧之膨胀。

盐湖产物，为重要的硼的来源。

（18）硼镁铁矿 $(Mg, Fe)_2Fe^{8+}[BO_8]O_2$。

斜方晶系；斜方双锥晶类，$3L^23PC(mmm)$。

黑色长柱状、针状。

描述其形态、颜色、条痕色的变化及光泽、解理、硬度。注意粉末有无磁性。和黑色针状电气石对比异同。

简易化学试验：试 B——在试管中将一粒 1，2，5，8 四羟基蒽醌试剂溶于纯净浓硫酸中（呈紫色），将少量矿粉或细小矿粒加入试管，加热（小心溶液溅出）后出现蓝色，表明矿物含 B。

（19）独居石（Ce，La……）$[PO_4]$。

板状或粒状。黄褐色、棕红色。油脂光泽。紫外光下发荧光（注意是什么颜色）。

常见于重砂中。

（20）磷灰石 $Ca_5[PO_4]_3(F, OH)$。

六方晶系；六方双锥晶类，$L^6PC(6/m)$。

描述其各种形态，分析晶体的单形。观察描述颜色、光泽、解理、硬度。磷灰石大理岩中的磷灰石颗粒很小，是肉眼见不到的胶磷矿，可用简易化学方法试磷。

简易化学试验：试磷——取少量矿粉，置于载玻璃上，加少许钼酸铵粉末，再滴 1～2 滴硝酸，则生成鲜黄色沉淀（磷钼酸铵）。注意：操作过程中，必须使化学药品保持清洁。在沉积岩、沉积变质岩及碱性岩中可形成有工业价值的磷矿床。此外还有生物化学作用而成的磷矿。磷灰石经常在各种岩浆岩及花岗伟晶岩中成副矿物。

对比褐色磷灰石和石榴子石：绿色磷灰石和天河石、绿柱石的异同。

（21）绿松石 $Cu(Al, Fe)_6(H_2O)_4[PO_4]_4(OH)_8$。

绿松石又称土耳其玉。常呈隐晶质块体或皮壳状，晶体少见。鲜艳的绿色，蜡状光泽。

较高硬度(5~6)。

为含铜溶液和含磷的黏土作用而成。

可作宝石材料。

(22)铜铀云母 $Cu(H_2O)_8[UO_2(PO_4)]_2 \cdot nH_2O$。

观察其形态、颜色、光泽和解理,具强放射性,在紫外光下有荧光(注意什么颜色)。

(23)白钨矿 $Ca(WO_4)$。

四方晶系;四方双锥晶类,$L^4PC(4/m)$。

白色微带肉红色色调,或为无色(略带浅黄)透明。

描述其形态、颜色、光泽、解理、硬度及相对密度。

主要产于接触交代矿床。

紫外线下发荧光(注意什么颜色)。

思考:

①白钨矿和石英如何区别?

②白钨矿的{111}解理有几组?

记录格式:

视具体情况,选择典型矿物按表5-3的内容逐项观察填写。

参考文献

[1] 长春地质学院矿物教研室.结晶学及矿物学教学参考文集[M].北京：地质出版社,1983.

[2] 武汉地质学院矿物教研室.结晶学及矿物学实习指导书[M].北京：地质出版社,1986.

[3] 王文魁,彭志忠.晶体测量学简明教程[M].北京：地质出版社,1992.

[4] 潘兆橹主编.结晶学及矿物学(上、下册)[M].北京：地质出版社,1993.

[5] 罗谷风主编.基础结晶学与矿物学(上、下册)[M].南京：南京大学出版社,1993.

[6] 秦善.晶体学基础[M].北京：北京大学出版社,2004.

[7] 马鸿文主编.工业矿物与岩石[M].北京：化学工业出版社,2005.

[8] 秦善,王长秋.矿物学基础[M].北京：北京大学出版社,2006.

[9] 何明跃.新英汉矿物种名称[M].北京：地质出版社,2007.

[10] 李胜荣主编.结晶学与矿物学[M].北京：地质出版社,2008.

[11] 张秀宝.结晶学与矿物学实习报告书[M].北京：地质出版社,2008.

[12] 吕宪俊主编.工艺矿物学[M].长沙：中南大学出版社,2011.

附　录

附录1 各晶系中的单形

附表1-1 三斜晶系、单斜晶系及斜方晶系的单形

形号	三斜晶系的单形		单斜晶系的单形			斜方晶系的单形		
	$1(L^1)$	$\bar{1}(C)$	$2(L^2)$	$m(P)$	$2/m(L^2PC)$	$222(3L^2)$	$mm(L^22P)$	$mmm(3L^23PC)$
{hkl}	1. 单面(1)	2. 平行双面(2)	3. 轴双面(2)	6. 反映双面(2)	9. 斜方柱(4)	12. 斜方四面体(4)	15. 斜方单锥(4)	20. 斜方双锥(4)
{0kl}	单面(1)	平行双面(2)	轴双面(2)	反映双面(2)	斜方柱(4)	13. 斜方柱(4)	16. 反映双面(2)	21. 斜方柱(4)
{h0l}	单面(1)	平行双面(2)	4. 平行双面(2)	7. 单面(1)	10. 平行双面(2)	斜方柱(4)	反映双面(2)	斜方柱(4)
{hk0}	单面(1)	平行双面(2)	轴双面(2)	反映双面(2)	斜方柱(4)	斜方柱(4)	17. 斜方柱(4)	斜方柱(4)
{100}	单面(1)	平行双面(2)	平行双面(2)	单面(1)	平行双面(2)	14. 平行双面(2)	18. 平行双面(2)	22. 平行双面(2)
{010}	单面(1)	平行双面(2)	5. 单面(1)	8. 平行双面(2)	11. 平行双面(2)	平行双面(2)	平行双面(2)	平行双面(2)
{001}	单面(1)	平行双面(2)	平行双面(2)	单面(1)	平行双面(2)	平行双面(2)	19. 单面(1)	平行双面(2)

附表1-2 四方晶系的单形

形号	$4(L^4)$	$42(L^4 4L^2)$	$4/m(L^4 PC)$	$4mm(L^4 4P)$	$4/mmm(L^4 4L^2 5PC)$	$\bar{4}(L_i^4)$	$\bar{4}2m(L_i^4 2L^2 2P)$
{hkl}	23. 四方单锥(4)	26. 四方偏方面体(8)	31. 四方双锥(8)	34. 复四方单锥(8)	39. 复四方双锥(16)	44. 四方四面体(4)	47. 复四方偏三角面体(8)
{hhl}	四方单锥(4)	四方双锥(8)	四方双锥(8)	35. 四方单锥(4)	40. 四方双锥(8)	四方四面体(4)	48. 四方四面体(4)
{h0l}	四方单锥(4)	四方双锥(8)	四方双锥(8)	四方单锥(4)	四方双锥(8)	四方四面体(4)	49. 四方双锥(8)
{hk0}	24. 四方柱(4)	28. 复四方柱(8)	32. 四方柱(4)	36. 复四方柱(8)	41. 复四方柱(8)	45. 四方柱(4)	50. 复四方柱(8)
{110}	四方柱(4)	29. 四方柱(4)	四方柱(4)	37. 四方柱(4)	42. 四方柱(4)	四方柱(4)	51. 四方柱(4)
{100}	四方柱(4)	四方柱(4)	四方柱(4)	四方柱(4)	四方柱(4)	四方柱(4)	52. 四方柱(4)
{001}	25. 单面(1)	30. 平行双面(2)	33. 平行双面(2)	38. 单面(1)	43. 平行双面(2)	46. 平行双面(2)	53. 平行双面(2)

附表1-3 三方晶系的单形

形号	$3(L^3)$	$32(L^3 3L^2)$	$3m(L^3 3P)$	$\bar{3}(L^3 C)$	$\bar{3}m(L^3 3L^2 3PC)$
{hkil}	54. 三方单锥(3)	57. 三方偏方面体(6)	64. 复三方单锥(6)	71. 菱面体(6)	74. 复三方偏三角面体(12)
{h0h̄l} {0kk̄l}	三方单锥(3)	58. 菱面体(6)	65. 三方单锥(3)	菱面体(6)	75. 菱面体(6)
{hh̄2hl} {2kk̄l}	三方单锥(3)	59. 三方双锥(6)	66. 六方单锥(6)	菱面体(6)	76. 六方双锥(12)
{hki0}	55. 三方柱(3)	60. 复三方柱(6)	67. 复三方柱(6)	72. 六方柱(6)	77. 复六方柱(12)
{101̄0} {011̄0}	三方柱(3)	61. 六方柱(6)	68. 三方柱(3)	六方柱(6)	78. 六方柱(6)
{112̄0} {21̄1̄0}	三方柱(3)	62. 三方柱(3)	69. 六方柱(6)	六方柱(6)	79. 六方柱(6)
{0001}	56. 单面(1)	63. 平行双面(2)	70. 单面(1)	73. 平行双面(2)	80. 平行双面(2)

附表 1-4　六方晶系的单形

形号	$6(L^6)$	$62(L^6 6L^2)$	$6m(L^6 PC)$	$6mm(L^6 6P)$	$6/mmm(L^6 6L^2 7PC)$	$\bar{6}(L_i^6)$	$\bar{6}m2(L^6 3L^2 3P)$
$\{hkil\}$	81. 六方单锥(6)	84. 六方偏方面体(12)	89. 六方双锥(12)	92. 复六方单锥(12)	97. 复六方双锥(24)	102. 三方双锥(6)	105. 复三方双锥(12)
$\{h0\bar{h}l\}$	六方单锥(6)	85. 六方双锥(12)	六方双锥(12)	93. 六方单锥(6)	98. 六方双锥(12)	三方双锥(6)	106. 三方双锥(6)
$\{hh\overline{2h}l\}$	六方单锥(6)	六方双锥(12)	六方双锥(12)	六方单锥(6)	六方双锥(12)	三方双锥(6)	107. 六方双锥(12)
$\{hki0\}$	82. 六方柱(6)	86. 复六方柱(12)	90. 六方柱(6)	94. 复六方柱(12)	99. 复六方柱(12)	103. 三方柱(3)	108. 复三方柱(6)
$\{10\bar{1}0\}$	六方柱(6)	87. 六方柱(6)	六方柱(6)	95. 六方柱(6)	100. 六方柱(6)	三方柱(3)	109. 三方柱(3)
$\{01\bar{1}0\}$	六方柱(6)	六方柱(6)	六方柱(6)	六方柱(6)	六方柱(6)	三方柱(3)	三方柱(3)
$\{\bar{2}110\}$	六方柱(6)	六方柱(6)	六方柱(6)	六方柱(6)	六方柱(6)	三方柱(3)	110. 六方柱(6)
$\{11\bar{2}0\}$	六方柱(6)	六方柱(6)	六方柱(6)	六方柱(6)	六方柱(6)	三方柱(3)	六方柱(6)
$\{0001\}$	83. 单面(1)	88. 平行双面(2)	91. 平行双面(2)	96. 单面(1)	101. 平行双面(2)	104. 平行双面(2)	111. 平行双面(2)

附表 1-5　等轴晶系的单形

形号	$23(3L^2 4L^3)$	$m3(3L^2 4L^3 3PC)$	$\bar{4}3m(3L_i^4 4L^3 6P)$	$43(3L^4 4L^3 6L^2)$	$m3m(3L^4 4L^3 6L^2 9PC)$
$\{hkl\}$	112. 五角三四面体(12)	119. 偏方复十二面体(24)	126. 六四面体(24)	133. 五角三八面体(24)	140. 六八面体(48)
$\{hhl\}$	113. 四角三四面体(12)	120. 三角三八面体(24)	127. 四角三四面体(12)	134. 三角三八面体(24)	141. 三角三八面体(24)
$\{hkk\}$	114. 三角三四面体(12)	121. 四角三八面体(24)	128. 三角三四面体(12)	135. 四角三八面体(24)	142. 四角三八面体(24)
$\{111\}$	115. 四面体(4)	122. 八面体(8)	129. 四面体(4)	136. 八面体(8)	143. 八面体(8)
$\{hk0\}$	116. 五角十二面体(12)	123. 五角十二面体(12)	130. 四六面体(24)	137. 四六面体(24)	144. 四六面体(24)
$\{110\}$	117. 菱形十二面体(12)	124. 菱形十二面体(12)	131. 菱形十二面体(12)	138. 菱形十二面体(12)	145. 菱形十二面体(12)
$\{100\}$	118. 立方体(6)	125. 立方体(6)	132. 立方体(6)	139. 立方体(6)	146. 立方体(6)

注：单形名称前的数字为146种结晶单形的序号；小括号内数字为单形的晶面数目。

附录2 各晶族中单形的几何特征

附表 2−1 低级晶族单形的几何特征

名称	晶面数目	单独存在时晶面的形状	晶面间的几何关系	晶面与结晶轴间的关系	通过中心的横切面形状
单面	1				
平行双面	2		相互平行		
双面	2		相交		
斜方柱	4		成对平行，所有交棱也都相互平行		菱形
斜方单锥	4		全部相交	交于 Z 轴上一点	菱形
斜方双锥	8	不等边三角形	成对平行，似由上下两个互成镜像关系的菱方锥相合而成	每四个晶面的公共交点均为结晶轴出露处	菱形
斜方四面体	4	不等边三角形	互不平行，似由两个双面相合而成	每一交棱之中点为结晶轴出露处	菱形

附表 2−2 中级晶族单形的几何特征

名称	晶面数目	单独存在时晶面的形状	晶面间的几何关系	晶面与结晶轴间的关系	通过中心的横切面形状
单面	1			垂直于 Z 轴	
平行双面	2		相互平行	垂直于 Z 轴	

续附表 2-2

名称	晶面数目	单独存在时晶面的形状	晶面间的几何关系	晶面与结晶轴间的关系	通过中心的横切面形状
四方柱	4		所有交棱均相互平行，除三方柱和复三方柱外，晶面均成对平行	平行于 Z 轴	四方形
三方柱	3				三方形
六方柱	6				六方形
复四方柱	8				复四方形
复三方柱	6				复三方形
复六方柱	12				复六方形
四方锥	4		全部相交	交 Z 轴于一点	四方形
三方锥	3				三方形
六方锥	6				六方形
复四方锥	8				复四方形
复三方锥	6				复三方形
复六方锥	12				复六方形
四方双锥	8	等腰三角形	上下各半数晶面分别相交于一点，似由上下两个互成镜像关系的锥相合而成；除三方双锥和复三方双锥外，晶面均成对平行	上下各交 Z 轴于一点	四方形
三方双锥	6	等腰三角形			三方形
六方双锥	12	等腰三角形			六方形
复四方双锥	16	不等边三角形			复四方形
复三方双锥	12	不等边三角形			复三方形
复六方双锥	24	不等边三角形			复六方形
四方四面体	4	等腰三角形	上下各半数晶面分别相交；似由两个双面上下相合而成，且相互间绕 Z 轴恰好错开 90°；所有晶面均互不平行	上下二晶棱中点的连线为 Z 轴所在	四方形
菱面体	6	菱形	上下各半数晶面分别相交；似由两个三方锥上下相合而成，且相互间绕 Z 轴恰好错开 60°；晶面成对平行	上下各交 Z 轴于一点	六方形

续附表 2－2

名称	晶面数目	单独存在时晶面的形状	晶面间的几何关系	晶面与结晶轴间的关系	通过中心的横切面形状
四方偏三角面体	8	不等边三角形	上下各半数晶面分别相交；似由四方四面体的每一晶面等分为两个晶面而成；所有晶面均互不平行	上下各交 Z 轴于一点	复四方形
复三方偏三角面体	12	不等边三角形	上下各半数晶面分别相交；似由菱面体的每一晶面等分为两个晶面而成；晶面成对平行	上下各交 Z 轴于一点	复六方形
四方偏方面体	8		上下各半数晶面分别相交于一点，似由两个锥上下相合而成，且相互间绕 Z 轴错开一个任意角度；所有晶面均互不平行		复四方形
三方偏方面体	6	有两条邻边相等的不等边四边形		上下各交 Z 轴于一点	复三方形
六方偏方面体	12				复六方形

附表 2－3　高级晶族单形的几何特征

单形名称	晶面数目	单独存在时晶面的形状	晶面间的几何关系	晶面与结晶轴间的关系
八面体	8	△	成对平行	每对晶面均垂直于一个 L^3，且在三个结晶轴上相截等长
三角三八面体	24	△	晶面成对平行	与两个结晶轴相截等长，但与另一个结晶轴上的截距不相等
四角三八面体	24			每八个晶面相聚交于结晶轴上一点
五角三八面体	24		晶面互不平行	每四个晶面相聚交于结晶轴上一点
六八面体	48		似由八面体的每一晶面均从中心（即 L^3 出露处）凸起变为六个相同晶面而成，晶面成对平行	与三个结晶轴相截均不等长

续附表 2 – 3

单形名称	晶面数目	单独存在时晶面的形状	晶面间的几何关系	晶面与结晶轴间的关系	
四面体	44	△	互不平行	每一晶面均垂直于一个 L^3，且在三个结晶轴上相截等长	
三角三四面体	12	◿	似由四面体的每一晶面均从中心（即 L^3 出露处）凸起变为三个相同晶面而成，所有晶面均互不平行	与两个结晶轴相截等长，但与另一个结晶轴上的截距不相等	每两个晶面相交于结晶轴上一点
四角三四面体	12	◇			每四个晶面相聚交于结晶轴上一点
五角三四面体	12	⬠			
六四面体	24	◁	似由四面体的每一晶面均从中心（即 L^3 出露处）凸起变为六个相同晶面而成，所有晶面均互不平行	与三个结晶轴相截均不等长	
立方体	6	□	成对平行，三对面之间均相互正交	每对晶面均与一个结晶轴垂直而与另外两个结晶轴平行	
四六面体	24	◁	似由立方体的每一晶面均从中心（即四次轴出露处）凸起变为四个相同晶面而成，所有晶面均成对平行	与一个结晶轴平行而与另外两个结晶轴相截不等长	每四个晶面相聚交于结晶轴上一点
五角十二面体	12	⬠	似由立方体的每一晶面均各自平行于一组晶棱方向凸起变为两个相同晶面而成，所有晶面均成对平行		每两个晶面相交于结晶轴上一点
偏方复十二面体	24	▱	似由五角十二面体的每一晶面均一分为二而成，所有晶面均成对平行	与三个结晶轴相截均不等长	
菱形十二面体	12	◇	成对平行	与一个结晶轴平行而与另外两个结晶轴相截等长	

附录3　可用矿物的工业分类

3.1　钢铁的基本原料—金属矿产

铁：磁铁矿、赤铁矿、菱铁矿、褐铁矿。

锰：软锰矿、硬锰矿、水锰矿、菱锰矿。

钛：钛铁矿、金红石。

铬：铬铁矿。

钒：钒酸铀矿、钒酸钙铀矿。

3.2　有色金属矿产

铜：黄铜矿、斑铜矿、辉铜矿、铜兰、黝铜矿、孔雀石、蓝铜矿、自然铜。

铅：方铅矿、白铅矿、铅钒。

锌：闪锌矿、菱锌矿。

铝：铝土矿。

镁：菱镁矿、白云石。

镍：镍黄铁矿、红砷镍矿、镍蛇纹石。

钴：辉砷钴矿、钴土矿、含砷黄铁矿。

钨：黑钨矿、白钨矿。

锡：锡石。

钼：辉钼矿。

铋：辉铋矿、自然铋、铋华。

汞：辰砂。

锑：辉锑矿、锑华、锑赭石。

铂：砷铂矿、自然铂。

金：自然金。

银：自然银、辉银矿。

3.3　稀有稀土金属矿产

铌：铌铁矿、钽铁矿、褐铁矿、褐钇铌矿、烧绿石、钛铁金红石。

铍：绿柱石、白光榴石、香花石。

锂：锂辉石、锂云母、铁锂云母。

锆、铪：锆石。

铷、铯：天河石、铯榴石。

铈、镧：独居石、烧绿石、褐帘石。

钇：磷钇矿、铪钇铌矿。

锶：天青石、菱锶矿。

3.4 非金属矿产

①冶金辅助原料：菱镁矿、白云石、萤石。

②化工原料：自然硫、黄铁矿、磁黄铁矿、雄黄、雌黄、钾盐、食盐、重晶石、明矾石、磷灰石、硼砂、硼镁铁矿、硼镁石、橄榄石、蛇纹石、长石。

③特种非金属矿产：金刚石、水晶、冰洲石、光学萤石、蓝石棉、硼矿物（硼砂、硼镁铁矿、硼镁石）、红宝石。

④建筑材料及其他非金属矿产：石棉、石墨、石膏、白云母、蛭石、高岭土、石英、硅藻土、方解石（石灰石）、白垩、长石、刚玉、黄玉、石榴石、软玉、硬玉、玛瑙、蔷薇、辉石。

附录4 相似矿物对比表

附表 4 - 1 相似矿物对比表

相似矿物	区别			
	颜色	条痕	解理	其他
自然硫	淡黄色	浅黄的白色	无解理	性极脆，具硫黄臭，易燃烧，产生蓝色火焰
雌黄	柠檬黄色	鲜黄	{010}解理完全	薄片具挠性，锤击之有蒜臭味

相似矿物	区别			
	晶形	条痕	相对密度	解理
方铅矿	立方体	灰黑	很大	三组{100}解理完全
辉锑矿	柱状	铅灰	中等	平行{110}的一组解理完全，解理面上有裂纹

相似矿物	区别			
	形态	颜色	硬度	其他
黄铜矿	常为致密块状	铜黄色表面常有蓝紫色	3 ~ 4	
黄铁矿	立方体	浅黄铜色	6 ~ 6.5	相邻晶面有互相垂直的条纹

相似矿物	区别				
	颜色	光泽	相对密度	成因产状	其他
辉锑矿	铅灰，有暗蓝锖色	金属光泽	4.6	低温热液矿床	解理面上有横纹，滴KOH有黄褐色反应物
辉铋矿	锡白、带黄褐色	强金属光泽	6.4 ~ 6.8	高温热液矿床	晶面上具纵纹，与KOH无反应

相似矿物	区别						
	形态	颜色	条痕	光泽	解理	相对密度	化学性质
闪锌矿	粒状	浅黄褐至棕褐色	浅黄	金属—半金属	多组完全	中	与磷酸不反应
黑钨矿	板状	黑至褐黑	褐色	半金属	一组解理	大	用磷酸煮沸呈蓝色

续附表 4 -1

相似矿物	区别				
	颜色	条痕		光泽	相对密度
辉钼矿	铅灰、灰色	在纸划条痕为天蓝色,在上釉瓷板上划为黄绿色		强金属	大
石墨	铁黑	灰黑		金属	小

相似矿物	区别					
	颜色	条痕	光泽	硬度	相对密度	其他
辰砂	朱红	红	金刚	2~2.5	大	
雄黄	橙红	橘红	断口油脂	1.5~2	中	刺鼻之臭味

相似矿物	区别
	化学反应
白铅矿	加稀 HCl 起泡
铅矾	与 HCl 不起反应

相似矿物	区别
	化学反应
菱锌矿	粉末加 HCl 起泡
异极矿	粉末加 HCl 不起反应

相似矿物	区别		
	颜色	条痕	其他
硅孔雀石	绿—蓝绿	带浅绿的白色	滴 HCl 不起泡
孔雀石	绿—蓝绿	浅绿	滴 HCl 起泡

注:辉锑矿滴 KOH 溶液有黄褐色反应物。

续附表 4-1

相似矿物	区别			
	硬度	相对密度	解理	其他
锡石	6~7	6.8~7	{100}解理不完全	矿粒置锌片上加一滴 HCl，稍许，见锡白色锡镜反应
金红石	6	4.2~4.3	{110}解理完全	
锆英石	7~8	4.7	{110}解理不完全	

相似矿物	区别			
	形态		颜色	条痕	其他
磁铁矿	八面体、粒状、致密块状	铁黑	黑色	强磁性
赤铁矿	肾状、鲕状、豆状、鳞片状、块状、土状	钢灰、土红	樱红色	无磁性
褐铁矿	土状、蜂窝状、块状、皮壳状、葡萄状	浅褐—黑褐	黄褐色	无磁性

相似矿物	区别	
	条痕	磁性
磁铁矿	黑色	强磁性
铬铁矿	褐色	弱磁性

相似矿物	区别		
	形态	颜色	其他
黄铁矿	立方体或五角十二面体	淡黄铜色	立方体晶面上有互相垂直的三组条纹
白铁矿	多呈结核状、矛状	浅铜黄色微带绿色	结核的内部常呈放射状
毒砂	柱状或致密块状	锡白	柱面有纵纹，锤击之有蒜臭味

相似矿物	区别		
	颜色	解理	磁性
磁黄铁矿	暗青铜黄色	解理不显	具磁性
镍黄铁矿	淡青铜黄色	{111}解理完全	磁性不显

续附表 4−1

相似矿物	区别		
	形态	颜色	其他
毒砂	柱状	锡白至钢灰色，常带浅黄锈色	
辉砷钴矿	八面体、五角十二面体、立方体或其聚形		微带玫瑰红之锡白色 风化面上常有玫瑰色之钴华

相似矿物	区别		
	颜色	条痕	硬度
软锰矿	黑、钢灰	黑色	呈晶体者硬度大(5~6)，呈粉末者硬度小(2)
硬锰矿	褐黑	褐黑	近于小刀

相似矿物	区别		
	形态	解理	产状
榍石	晶形呈信封状，断面呈楔形	{110}解理中等	作为各种岩浆岩的副矿物出现，接触变质岩中产出，砂矿中亦见
褐帘石	压板状、短柱状	无解理	主要见于花岗岩中正长岩和伟晶岩中，具放射性

相似矿物	区别		
	颜色	形态	成因产状
橄榄石	黄绿—暗绿，表面氧化为红色	粒状多见	只在超基性、基性岩中出现
符山石	黄、灰、绿、褐	短柱状多见	为矽卡岩的造岩矿物
绿帘石	特征的黄绿色	柱状、粒状	其生成与热水作用有关

相似矿物	区别		
	解理	硬度	化学反应
块状石英	无解理	7	
块状长石	两组解理完全	6	
块状绿柱石	{0001}解理不完全	7.5~8	
块状刚玉	无解理	9	极其细粉末滴以硝酸钴溶液强灼之，显蓝色反应

续附表 4－1

相似矿物	区别			
	化学反应			
高岭石	加 HCl 不起泡			
白垩	加 HCl 起泡			

相似矿物	区别		
	硬度	解理	化学反应
绿柱石	8	{0001} 不完全	
天河石	6	两组解理完全，交角 90°	
磷灰石	5	{0001} 不完全	滴钼酸铵的硝酸溶液有黄色反应

相似矿物	区别			
	颜色	形状	断面形状（镜下观察最佳）	成因产状
透辉石	绿、灰绿	长柱状	呈正方形或正八边形	矽卡岩的重要造岩矿物，基性、超基性岩也常见
普通辉石	黑、黑绿	短柱状、粒状	呈正八边形	以基性火成岩中最常见

相似矿物	区别				
	形态	解理	断面形状	成因产状	其他
普通辉石	柱状、粒状	两组完全－中等解理近于正交	正八边形	以基性岩浆岩为主	
普通角闪石	长柱状	两组完全－中等解理夹角 56°	菱形	以中酸性岩浆岩为主，其次为区域变质岩中常见	
黑电气石	长柱状	无解理	球面三角形	常见于伟晶岩和高温热液作用中	柱面有纵纹，硬度较大

相似矿物	区别				
	形态	解理	硬度	成因	其他
硅灰石	针状、棒状、放射状	两组中等解理交角 74°	4.5~5	产于中酸性火成岩和石灰岩接触带	细粉末完全溶于 HCl 中
透闪石	长柱状、针状、放射状	两组完全－中等解理交角 124°	5.5~6	同上	难溶于 HCl

续附表 4-1

相似矿物	区别	
	简易化学实验	成因
滑石	以硝酸钴溶液浸湿强灼之变成浅玫瑰红色（Mg 反应）	由富含 Mg 的基性火成岩热液蚀变的产物
叶蜡石	以硝酸钴溶液浸湿强灼之变成蓝色（Al 反应）	低温矿物，由火山岩经热液蚀变的产物

相似矿物	区别		
	颜色	解理	双晶
正长石	肉红色、浅黄褐色	{001}完全，{010}中等，两组解理交角 90°	卡斯巴双晶
斜长石	白色、灰白色	{001}完全，{010}中等，两组解理交角 86°	钠长石聚片双晶

相似矿物	区别			
	解理	硬度	成因	其他
长石	两组解理完全	6		
霞石	有不完全解理	5~6	只产于碱性火成岩中，不与石英共生	易于风化，表面常留有许多洞穴
石英	无解理	7		

相似矿物	区别		
	颜色	硬度	产状
石榴石	深浅各色均有	6.5~7.5	主要分布在矽卡岩及区域变质岩中
白榴石	炉灰色	5~6	产于富碱贫硅的碱性喷出岩中，与碱性辉石、霞石共生

相似矿物	区别				
	形态	解理	硬度	相对密度	其他
重晶石	板状晶形多见	{001}完全、{201}中等	3~3.5	4.3~4.7	
方解石	粒状集合体多见	三组解理完全	3	2.71	遇 HCl 起泡
石膏	板状、纤维状多见	{010}极完全	1.5~2	2.3	
萤石	粒状集合体多见	四组解理完全	4	3.18	

续附表 4－1

相似矿物	区别	
	与 HCl 作用	染色
方解石	加冷 HCl 强烈起泡	加茜素红的 HCl 溶液 *3～5 滴显玫瑰红色
白云石	粉末加 HCl 强烈起泡	无反应
菱镁矿	粉末加热 HCl 方能起泡	无反应

相似矿物	区别
	染色
天青石	吹管火焰下熔成白色小球，染火焰为深紫红色(盐酸浸润后颜色更明显)
重晶石	由盐酸浸润后，染火焰成黄绿色(钡的焰色)

相似矿物	区别					
	形态	颜色	条痕	解理	硬度	其他
锡石	双锥柱状、粒状	褐色或沥青黑色	浅棕色	不完全解理	6～7	有锡镜反应
黑钨矿	厚板状	褐黑或褐红色	黄褐—黑褐	{010}完全解理	4.5～5.5	含铁高者有弱磁性

相似矿物	区别				
	形态	解理	硬度	相对密度	发光性
白钨矿	粒状、致密块状多见、晶形为假八面体	{111}中等解理	4.5～5	5.8～6.2	紫外光下显浅蓝荧光
石英	柱状、块状	无解理	7	2.5～2.8	不发光

相似矿物	区别	
	形态	其他
铝土矿	豆状或土状块体	有粗糙感，用口哈气后有强烈土臭味，颜色变化较大
石灰岩	鲕状或致密块状	硬度小于小刀，加盐酸起泡

* 溶液配制：将 5% 的 HCl 加在 0.1% 的茜红素溶液 100 mL 即可。

附录5　摩氏硬度计（十级标准矿物）

滑石1

石膏2

方解石3

萤石4

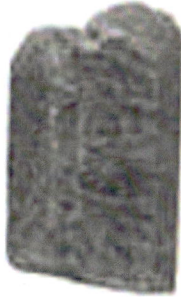

磷灰石5

正长石6

石英7

黄玉8

刚玉9

金刚石10

附录6　常见矿物彩图

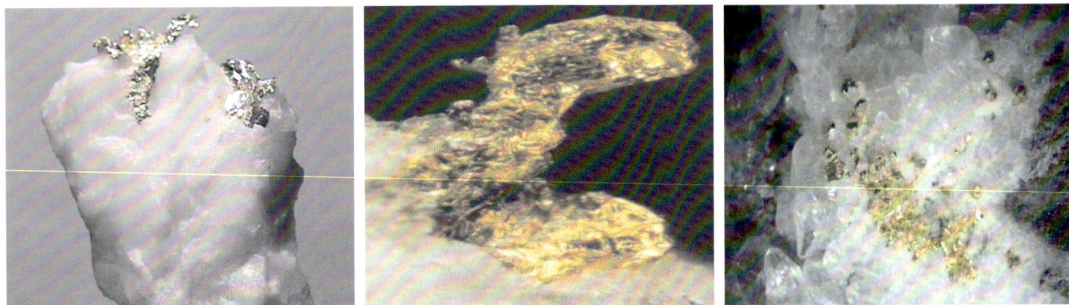

彩图 1　自然金

彩图 2　自然铜

彩图 3　自然硫

彩图 4　金刚石　　　　　　　　　　　　　彩图 5　石墨

彩图 6 方铅矿

彩图 7　辉铜矿　　　　　　　　彩图 8　闪锌矿　　　　　　　　彩图 9　辰砂

彩图 10　斑铜矿　　　　　　　彩图 11　辉锑矿　　　　　　　彩图 12　黄铜矿

彩图 13　黄铁矿

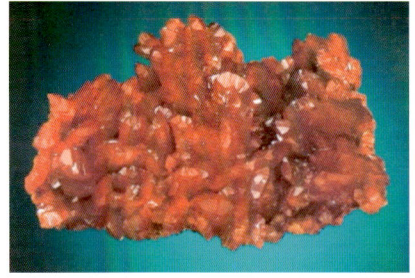

彩图 14　雄黄

彩图 15　雌黄

彩图 16　辉钼矿

彩图 17　辉铋矿

彩图 18　毒砂

彩图 19　刚玉

彩图 20　赤铁矿

彩图 21　锡石

彩图 22　石英

彩图 23　磁铁矿

彩图 24　铬铁矿

彩图 25　黑钨矿

彩图 26　硬锰矿

彩图 27　橄榄石

彩图 28　锆石

彩图 29　石榴子石

彩图 30　红柱石

彩图 31　堇青石

彩图 32　蓝晶石

彩图 33　黄玉

彩图 34　电气石

彩图 35　黑云母

彩图 36　白云母

彩图 37　普通辉石

彩图 38　硅灰石

彩图 39　透闪石

彩图 40　滑石

彩图 41　高岭石

彩图 42　绿泥石

彩图 43　正长石

彩图 44　拉长石

彩图 45　磷灰石

彩图 46　白钨矿

彩图 47　重晶石

彩图 48　石膏

彩图 49　方解石

彩图 50　菱铁矿

彩图 51　菱锰矿

彩图 52　白云石

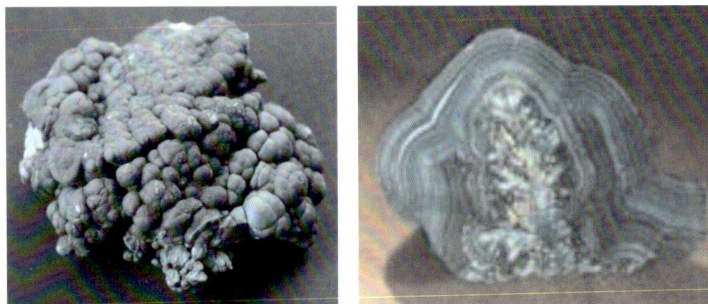

彩图 53　孔雀石

彩图 54　萤石

彩图 55　石盐